"十三五"高等院校数字艺术精品课程规划教材

全彩慕课版

Flash CS6
核心应用案例教程

田保慧 张铁红 主编／唐桂林 黄泽 王伟 曹五军 副主编

人民邮电出版社

北　京

图书在版编目（CIP）数据

Flash CS6核心应用案例教程：全彩慕课版／田保
慧，张铁红主编. -- 北京：人民邮电出版社，2019.9
"十三五"高等院校数字艺术精品课程规划教材
ISBN 978-7-115-49513-6

Ⅰ．①F… Ⅱ．①田… ②张… Ⅲ．①动画制作软件－
高等学校－教材 Ⅳ．①TP317.48

中国版本图书馆CIP数据核字(2018)第228032号

内 容 提 要

  本书全面、系统地介绍了 Flash CS6 的基本操作方法和网页动画的制作技巧，包括初识 Flash、Flash CS6 基础知识、常用工具、对象与元件、基本动画、高级动画、动作脚本、交互式动画、商业案例等内容。

  书中内容的讲解均以案例为主线，通过案例制作，读者可以快速熟悉软件功能和艺术设计思路。书中的软件功能解析部分可以使读者深入学习软件功能；课堂练习和课后习题可以拓展读者的实际应用能力，丰富读者的软件使用技巧。本书的最后一章，精心安排了专业设计公司的 7 个综合设计实训案例，力求通过这些案例的制作，提高读者的艺术设计创意能力。

  本书适合作为高等院校数字媒体艺术类专业相关课程的教材，也可作为相关人员的自学参考用书。

◆ 主　编　田保慧　张铁红
　　副主编　唐桂林　黄　泽　王　伟　曹五军
　　责任编辑　桑　珊
　　责任印制　马振武

◆ 人民邮电出版社出版发行　北京市丰台区成寿寺路 11 号
　　邮编　100164　电子邮件　315@ptpress.com.cn
　　网址　http://www.ptpress.com.cn
　　固安县铭成印刷有限公司印刷

◆ 开本：787×1092　1/16
　　印张：14　　　　　　　　2019 年 9 月第 1 版
　　字数：362 千字　　　　　2024 年 12 月河北第 11 次印刷

定价：69.80 元

读者服务热线：(010)81055256　印装质量热线：(010)81055316
反盗版热线：(010)81055315
广告经营许可证：京东市监广登字20170147号

Flash 简介

Flash 是由 Adobe 公司开发的一款集动画创作和应用程序开发于一体的创作软件。它包含简单直观而又功能强大的设计工具和命令，不仅可以创建数字动画、交互式 Web 站点，还可以开发包含视频、声音、图形和动画的桌面应用程序以及手机应用程序等，降低了网页动画和应用程序的设计难度，为专业设计人员和业余爱好者制作短小精悍的动画作品和应用程序提供了很大帮助，深受网页设计人员和动画设计爱好者的喜爱。目前，我国很多院校的艺术设计类专业，都将 Flash 作为一门重要的专业课程。本书邀请行业、企业专家和几位长期从事 Flash 教学的教师一起，从人才培养目标方面做好整体设计，明确专业课程标准，强化专业技能培养，安排教学内容；根据岗位技能要求，引入了企业真实案例，通过"慕课"等立体化的教学手段来支撑课堂教学。同时在内容编写方面，本书全面贯彻党的二十大精神，以社会主义核心价值观为引领，传承中华优秀传统文化，坚定文化自信，使内容更好体现时代性、把握规律性、富于创造性。

作者团队

新架构互联网设计教育研究院由顶尖商业设计师和院校资深教授创立，立足数字艺术教育 16 年，出版图书 270 余种，畅销 370 万册，《中文版 Photoshop 基础培训教程》销量超 30 万册。海量的专业案例、丰富的配套资源、行业操作的技巧、核心内容的提炼、细腻的学习安排，新架构互联网设计教育研究院为学习者提供足量的知识、实用的方法和有价值的经验，助力设计师不断成长；为教师提供课程标准、授课计划、教案、PPT、案例、视频、题库、实训项目等一站式教学解决方案。

如何使用本书

Step1 学精选基础知识，结合慕课视频快速上手 Flash

软件应用领域

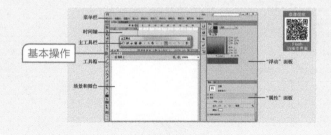

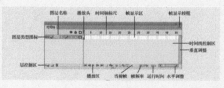

Flash

Step2 课堂案例 + 软件功能解析，边做边学软件功能，熟悉设计思路

了解目标和要点

基本动画＋高级动画＋动作脚本
＋交互式动画提炼 4 大核心功能

精选典型网络广告案例

文字＋视频步骤详解

扫码看扩展案例详细步骤

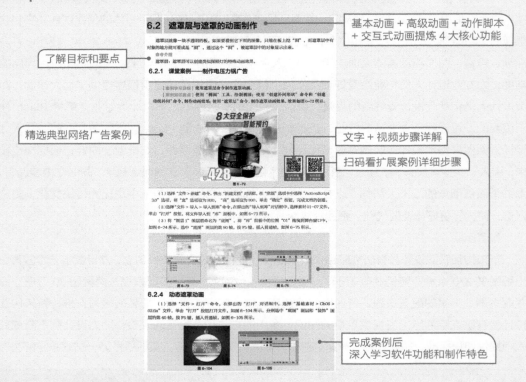

完成案例后
深入学习软件功能和制作特色

Step3 课堂练习 + 课后习题，拓展应用能力

更多商业案例

扫码看操作视频

训练本章所学知识

Step4 综合实战，结合扩展设计知识，演练真实商业项目制作过程

配套资源及获取方式

- 所有案例的素材及最终效果文件。
- 实例操作视频，扫描书中二维码即可观看。
- 扩展案例，扫描书中二维码，即可查看扩展案例操作步骤。
- 商业案例详细步骤，扫描书中二维码，即可查看第 9 章商业案例详细步骤。
- 设计基础知识 + 设计应用知识扩展阅读资源。
- 常用工具速查表、常用快捷键速查表。
- 全书 9 章的 PPT 课件。

- 教学大纲。
- 教学教案。

本书配套资源，读者可登录人邮教育社区（www.ryjiaoyu.com），在本书页面中免费下载使用。

全书慕课视频，登录人邮学院网站（www.rymooc.com）或扫描封底的二维码，使用手机号码完成注册，在首页右上角单击"学习卡"选项，输入封底刮刮卡中的激活码，即可在线观看视频。扫描书中二维码也可以使用手机观看视频。

教学指导

本书的参考学时为 64 学时，其中实训环节为 36 学时，各章的参考学时参见下面的学时分配表。

章	课程内容	学时分配	
		讲授	实训
第 1 章	初识 Flash	2	
第 2 章	Flash CS6 基础知识	2	2
第 3 章	常用工具	2	4
第 4 章	对象与元件	4	4
第 5 章	基本动画	4	4
第 6 章	高级动画	4	4
第 7 章	动作脚本	4	4
第 8 章	交互式动画	2	4
第 9 章	商业案例	4	10
学 时 总 计		28	36

本书约定

本书案例素材所在位置：云盘 / 章号 / 素材 / 案例名，如云盘 /Ch06/ 素材 / 制作电商广告。

本书案例效果文件所在位置：云盘 / 章号 / 效果 / 案例名，如云盘 /Ch06/ 效果 / 制作电商广告 .fla。

本书由田保慧、张铁红任主编，唐桂林、黄泽、王伟、曹五军任副主编，参与编写的还有王静。由于作者水平有限，书中难免存在错误和不妥之处，敬请广大读者批评指正。

编 者

2023 年 5 月

Flash

CONTENTS ——————————————— 目 录

Flash

CONTENTS ——————————————— 目 录

—05—

第5章　基本动画

Flash

—06—

第6章 高级动画

—07—

第7章 动作脚本

CONTENTS ———————————————————— 目 录

Flash

第 1 章

初识 Flash

01

▶ 本章介绍

在学习 Flash 软件之前，首先了解 Flash，包含 Flash 软件简介、Flash 应用领域。只有认识了 Flash 的软件特点和功能特色，才能更有效率地学习和运用 Flash，从而为我们的工作和学习带来便利。

学习目标

- 了解 Flash 软件
- 了解 Flash 的应用领域

慕课视频

初识 Flash

1.1　Flash 软件简介

Flash 是由 Adobe 公司开发的一款集动画创作和应用程序于一体的创作软件。它包含简单直观而又功能强大的设计工具和命令，不仅可以创建数字动画、交互式 Web 站点，还可以开发包含视频、声音、图形和动画的桌面应用程序以及手机应用程序等，它降低了网页动画和应用程序的设计难度，为专业设计人员和业余爱好者能制作出短小精练的动画作品和应用程序提供很大帮助，深受网页设计人员和动画设计爱好者的喜爱。

慕课视频

Flash 概述

1.2　Flash 的应用领域

随着互联网和 Flash 的发展，Flash 动画技术的应用越来越广泛，如将其应用于制作电子贺卡、网络广告、音乐宣传、游戏制作、电视动画、电影动画、多媒体教学课件等。下面分别介绍 Flash 动画技术的主要应用。

慕课视频

Flash 的
应用领域

1.2.1　电子贺卡

网络发展给网络贺卡带来了商机。当今，越来越多的人在重要日子到来的时候通过互联网向亲人朋友发送贺卡，传统的图片文字贺卡太过单调，这就使得具有丰富效果的 Flash 动画有了用武之地。Flash 动画形式的电子贺卡如图 1-1 所示。

图 1-1

1.2.2　网络广告

很多知名企业通过 Flash 动画广告宣传自己的品牌和产品，如图 1-2 所示，并且获得了理想的效果。

图 1-2

1.2.3 音乐宣传

　　Flash MV 在唱片宣传上提供了既保证质量又降低成本的有效途径，并且成功地把传统的唱片营销扩展到网络经营的更大空间上。"中国闪客第一人"老蒋制作的"新长征路上的摇滚"是典型的 Flash MV，如图 1-3 所示。

图 1-3

1.2.4 游戏制作

　　Flash 强大的交互功能搭配其优良的动画能力，使得它能够在游戏制作中占一席之地。Flash 游戏可以实现内容丰富的动画效果，如图 1-4 所示。同时，利用 Flash 制作游戏还能节省很多内存空间。

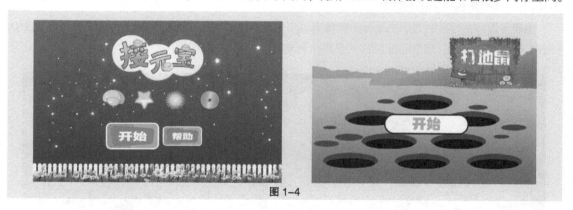

图 1-4

1.2.5 电视动画

　　随着 Flash 动画的发展，Flash 动画在电视领域的应用已经非常普及，不仅应用于短片，而且应用于电视系列片生产，并成为一种新的形式。此外，一些动画电视台还专门开设了 Flash 动画的栏目，使得 Flash 动画在电视领域的运用越来越广泛。由广东原创动力文化传播有限公司制作的原创动画片"喜羊羊与灰太狼"就是典型的 Flash 动画，如图 1-5 所示。

图 1-5

1.2.6　电影动画

在传统的电影领域，Flash 动画也越来越广泛地发挥其作用。在电影领域应用 Flash 动画制作的比较成功的动画片有《花木兰》等，如图 1-6 所示。

图 1-6

1.2.7　多媒体教学课件

随着多媒体教学的普及，Flash 动画技术越来越广泛地被应用到课件制作上，使得课件功能更加完善，内容更加精彩。用 Flash 制作的多媒体教学课件如图 1-7 所示。

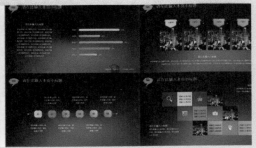

图 1-7

第 2 章

02

Flash CS6
基础知识

▶ **本章介绍**

　　本章将详细讲解 Flash CS6 的基础知识、基本操作和影片的测试与输出。读者要通过学习对 Flash CS6 有初步的认识和了解，并掌握软件的基本操作方法和技巧，为以后的学习打下坚实的基础。

学习目标

● 了解 Flash CS6 的操作界面
● 掌握文件操作的方法和技巧
● 了解影片的测试与优化
● 了解影片的输出与优化

技能目标

● 正确认识 Flash CS6 工作界面的各组成部分
● 掌握文件新建、打开、保存的方法和技巧
● 了解"首选参数"面板中的选项卡的设置方法
● 掌握浮动面板和历史记录面板的运用方法和技巧

慕课视频
Flash
基础知识

2.1 Flash CS6 的操作界面

Flash CS6 的操作界面由以下几部分组成：菜单栏、主工具栏、工具箱、时间轴、场景和舞台、"属性"面板及"浮动"面板，如图 2-1 所示。下面将一一介绍。

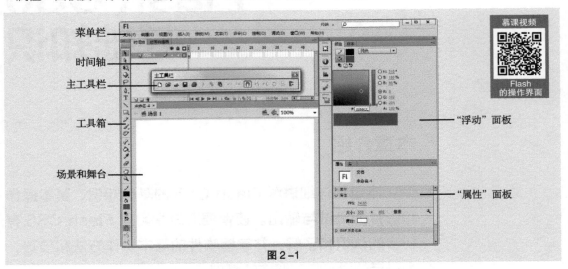

图 2-1

2.1.1 菜单栏

Flash CS6 的菜单栏依次分为"文件"菜单、"编辑"菜单、"视图"菜单、"插入"菜单、"修改"菜单、"文本"菜单、"命令"菜单、"控制"菜单、"调试"菜单、"窗口"菜单及"帮助"菜单，如图 2-2 所示。

| 文件(F) | 编辑(E) | 视图(V) | 插入(I) | 修改(M) | 文本(T) | 命令(C) | 控制(O) | 调试(D) | 窗口(W) | 帮助(H) |

图 2-2

"文件"菜单：主要功能是创建、打开、保存、打印、输出动画，以及导入外部图形、图像、声音、动画文件，以便在当前动画中使用。

"编辑"菜单：主要功能是对舞台上的对象以及帧进行选择、复制、粘贴，以及自定义面板、设置参数等。

"视图"菜单：主要功能是进行环境设置。

"插入"菜单：主要功能是向动画中插入对象。

"修改"菜单：主要功能是修改动画中的对象。

"文本"菜单：主要功能是修改文字的外观、对齐方式以及对文字进行拼写检查等。

"命令"菜单：主要功能是保存、查找、运行命令。

"控制"菜单：主要功能是测试播放动画。

"调试"菜单：主要功能是对动画进行调试。

"窗口"菜单：主要功能是控制各功能面板是否显示，以及面板的布局设置。

"帮助"菜单：主要功能是提供 Flash CS6 在线帮助信息和支持站点的信息，包括教程和 ActionScript 帮助。

2.1.2　主工具栏

为方便使用，Flash CS6 将一些常用命令以按钮的形式组织在一起，置于操作界面的上方。主工具栏依次为"新建"按钮、"打开"按钮、"转到 Bridge"按钮、"保存"按钮、"打印"按钮、"剪切"按钮、"复制"按钮、"粘贴"按钮、"撤销"按钮、"重做"按钮、"对齐对象"按钮、"平滑"按钮、"伸直"按钮、"旋转与倾斜"按钮、"缩放"按钮及"对齐"按钮，如图 2-3 所示。

图 2-3

选择"窗口 > 工具栏 > 主工具栏"命令，可以调出主工具栏，还可以通过鼠标拖动改变工具栏的位置。

"新建"按钮 □：新建一个 Flash 文件。

"打开"按钮 ☞：打开一个已存在的 Flash 文件。

"转到 Bridge"按钮 ☐：用于打开文件浏览窗口，从中可以对文件进行浏览和选择。

"保存"按钮 ☐：保存当前正在编辑的文件，不退出编辑状态。

"打印"按钮 ☐：将当前编辑的内容送至打印机输出。

"剪切"按钮 ☐：将选中的内容剪切到系统剪贴板中。

"复制"按钮 ☐：将选中的内容复制到系统剪贴板中。

"粘贴"按钮 ☐：将剪贴板中的内容粘贴到选定的位置。

"撤销"按钮 ☐：取消前面的操作。

"重做"按钮 ☐：还原被取消的操作。

"对齐对象"按钮 ☐：选择此按钮进入贴紧状态，用于绘图时调整对象、准确定位；设置动画路径时能自动粘连。

"平滑"按钮 ☐：使曲线或图形的外观更光滑。

"伸直"按钮 ☐：使曲线或图形的外观更平直。

"旋转与倾斜"按钮 ☐：改变舞台对象的旋转角度和倾斜变形。

"缩放"按钮 ☐：改变舞台中对象的大小。

"对齐"按钮 ☐：调整舞台中多个选中对象的对齐方式。

2.1.3　工具箱

工具箱提供了图形绘制和编辑的各种工具，分为"工具""查看""颜色""选项"4个功能区，如图 2-4 所示。选择"窗口 > 工具"命令，可以调出工具箱。

1．"工具"区

提供选择、创建、编辑图形的工具。

"选择"工具 ☐：选择和移动舞台上的对象，改变对象的大小和形状等。

"部分选取"工具 ☐：用来抓取、选择、移动和改变形状路径。

"任意变形"工具 ☐：对舞台上选定的对象进行缩放、扭曲、旋转变形。

"渐变变形"工具 ☐：对舞台上选定的对象填充渐变色、变形。

"3D 旋转"工具 ☐：可以在 3D 空间中旋转影片剪辑实例。在使用该工具选择影片

图 2-4

剪辑后，3D 旋转控件出现在选定对象之上。x 轴为红色、y 轴为绿色、z 轴为蓝色。使用橙色的自由旋转控件可同时绕 x 和 y 轴旋转。

"3D 平移"工具 ：可以在 3D 空间中移动影片剪辑实例。在使用该工具选择影片剪辑后，影片剪辑的 x、y 和 z 三个轴将显示在舞台上对象的顶部。x 轴为红色，y 轴为绿色，而 z 轴为黑色。应用此工具可以将影片剪辑分别沿着 x、y 或 z 轴进行平移。

"套索"工具 ：在舞台上选择不规则的区域或多个对象。

"钢笔"工具 ：绘制直线和光滑的曲线，调整直线长度、角度及曲线曲率等。

"文本"工具 ：创建、编辑字符对象和文本窗体。

"线条"工具 ：绘制直线段。

"矩形"工具 ：绘制矩形矢量色块或图形。

"椭圆"工具 ：绘制椭圆形、圆形矢量色块或图形。

"基本矩形"工具 ：绘制基本矩形，此工具用于绘制图元对象。图元对象是允许用户在属性面板中调整其特征的形状，可以在创建形状之后，精确地控制形状的大小、边角半径以及其他属性，而无需从头开始绘制。

"基本椭圆"工具 ：绘制基本椭圆形，此工具用于绘制图元对象。可以在创建形状之后，精确地控制形状的开始角度、结束角度、内径以及其他属性，而无需从头开始绘制。

"多角星形"工具 ：绘制等比例的多边形（单击矩形工具，将弹出多角星形工具）。

"铅笔"工具 ：绘制任意形状的矢量图形。

"刷子"工具 ：绘制任意形状的色块矢量图形。

"喷涂刷"工具 ：可以一次性地将形状图案"刷"到舞台上。默认情况下，喷涂刷使用当前选定的填充颜色喷射粒子点。也可以使用喷涂刷工具将影片剪辑或图形元件作为图案应用。

"Deco"工具 ：可以对舞台上的对象选定应用效果。在选择 Deco 工具后，可以从属性面板中选择要应用的效果样式。

"骨骼"工具 ：可以向影片剪辑、图形和按钮实例添加 IK 骨骼。

"绑定"工具 ：可以编辑单个骨骼和形状控制点之间的连接。

"颜料桶"工具 ：改变色块的色彩。

"墨水瓶"工具 ：改变矢量线段、曲线、图形边框线的色彩。

"滴管"工具 ：将舞台图形的属性赋予当前绘图工具。

"橡皮擦"工具 ：擦除舞台上的图形。

2. "查看"区

改变舞台画面，以便更好地观察。

"手形"工具 ：移动舞台画面，以便更好地观察。

"缩放"工具 ：改变舞台画面的显示比例。

3. "颜色"区

选择绘制、编辑图形的笔触颜色和填充色。

"笔触颜色"按钮 ：选择图形边框和线条的颜色。

"填充颜色"按钮 ：选择图形要填充区域的颜色。

"黑白"按钮 ：系统默认的颜色。

"交换颜色"按钮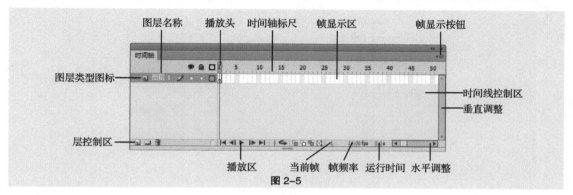：可将笔触颜色和填充色进行交换。

4. "选项"区

不同工具有不同的选项，通过"选项"区为当前选择的工具进行属性选择。

2.1.4 时间轴

时间轴用于组织和控制文件内容在一定时间内的播放。按照功能的不同，时间轴窗口分为左右两部分，分别为层控制区、时间线控制区，如图 2-5 所示。时间轴的主要组件是层、帧和播放头。

图 2-5

1. 层控制区

层控制区位于时间轴的左侧。层就像堆叠在一起的多张幻灯胶片一样，每个层都包含一个显示在舞台中的不同图像。在层控制区中，可以显示舞台上正在编辑作品的所有层的名称、类型、状态，并可以通过工具按钮对层进行操作。

"新建图层"按钮：增加新层。

"新建文件夹"按钮：增加新的图层文件夹。

"删除"按钮：删除选定层。

"显示或隐藏所有图层"按钮：控制选定层的显示／隐藏状态。

"锁定或解除锁定所有图层"按钮：控制选定层的锁定／解锁状态。

"将所有图层显示为轮廓"按钮：控制选定层的显示图形外框／显示图形状态。

2. 时间线控制区

时间线控制区位于时间轴的右侧，由帧、播放头和多个按钮及信息栏组成。与胶片一样，Flash文档也将时间长度分为帧。每个层中包含的帧都会显示在该层的右侧。时间轴顶部的时间轴标尺指示帧编号。播放头指示舞台中当前显示的帧。信息栏显示当前帧编号、动画播放速率以及到当前帧为止的运行时间等信息。时间线控制区按钮的基本功能如下。

"帧居中"按钮：将当前帧显示到控制区窗口中间。

"绘图纸外观"按钮：在时间线上设置一个连续的显示帧区域，区域内的帧所包含的内容同时显示在舞台上。

"绘图纸外观轮廓"按钮：在时间线上设置一个连续的显示帧区域，除当前帧外，区域内的帧所包含的内容仅显示图形外框。

"编辑多个帧"按钮：在时间线上设置一个连续的显示帧区域，区域内的帧所包含的内容可同时显示和编辑。

"修改绘图纸标记"按钮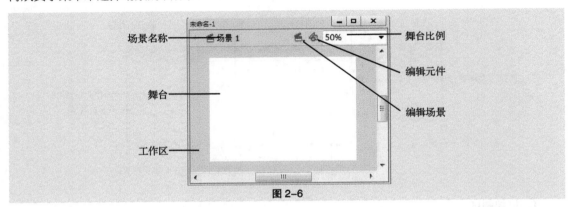：单击该按钮会显示一个多帧显示选项菜单，定义2帧、5帧或全部帧内容。

2.1.5　场景

场景也就是常说的舞台，是编辑和播放动画的矩形区域，是所有动画元素的最大活动空间，如图2-6所示。像多幕剧一样，场景可以不止一个。要查看特定场景，可以选择"视图 > 转到"命令，再从其子菜单中选择场景的名称。

图2-6

在场景上可以放置、编辑矢量插图、文本框、按钮、导入的位图图形、视频剪辑等对象。场景包括大小、颜色等设置。

在场景中可以显示网格和标尺，帮助制作者准确定位。显示网格的方法是选择"视图 > 网格 > 显示网格"命令，如图2-7所示。显示标尺的方法是选择"视图 > 标尺"命令，如图2-8所示。

在制作动画时，还常常需要辅助线来作为场景中不同对象的对齐标准，需要时可以从标尺上向场景拖曳鼠标以产生绿色的辅助线，如图2-9所示，它在动画播放时并不显示。不需要辅助线时，从场景中向标尺方向拖动辅助线来进行删除。还可以通过"视图 > 辅助线 > 显示辅助线"命令，显示出辅助线；通过"视图 > 辅助线 > 编辑辅助线"命令，修改辅助线的颜色等属性。

图2-7　　　　　　　　　　图2-8　　　　　　　　　　图2-9

2.1.6　"属性"面板

对于正在使用的工具或资源，使用"属性"面板，可以很容易地查看和更改它们的属性，从而简化文档的创建过程。当选定单个对象，如文本、组件、形状、位图、视频、组、帧等时，"属性"面板可以显示相应的信息和设置，如图2-10所示。当选定了两个或多个不同类型的对象时，"属性"面板会显示选定对象的总数，如图2-11所示。

2.1.7 "浮动"面板

使用此面板可以查看、组合和更改资源。但屏幕的大小有限，为了尽量使工作区最大，Flash CS6 提供了许多种自定义工作区的方式，如通过"窗口"菜单显示、隐藏面板，还可以通过鼠标拖动来调整面板的大小以及重新组合面板，如图 2-12 和图 2-13 所示。

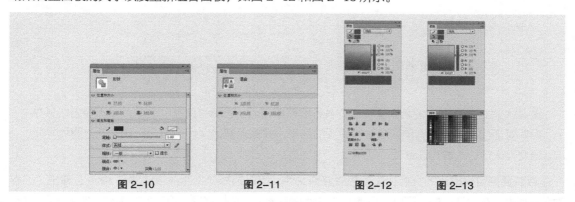

图 2-10　　　　　图 2-11　　　　　图 2-12　　　　　图 2-13

2.2 Flash CS6 的文件操作

2.2.1 新建文件

新建文件是使用 Flash CS6 进行设计的第一步。

幕课视频

文件基础操作

选择"文件 > 新建"命令，弹出"新建文档"对话框，如图 2-14 所示。在对话框中，可以创建 Flash 文档，设置 Flash 影片的媒体和结构，创建 Flash 幻灯片演示文稿，演示幻灯片或多媒体等连续性内容；创建基于窗体的 Flash 应用程序，应用于 Internet；也可以创建用于控制影片的外部动作脚本文件等。选择完成后，单击"确定"按钮，即可完成新建文件的任务，如图 2-15 所示。

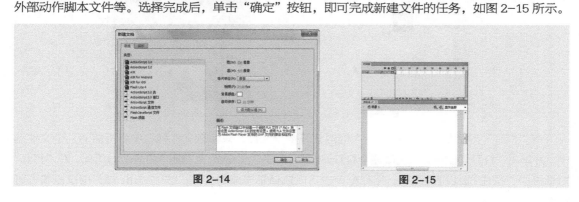

图 2-14　　　　　　　　　　　　图 2-15

2.2.2 保存文件

编辑和制作完动画后，需要将动画文件进行保存。

通过"文件 > 保存""另存为"等命令可以将文件保存在磁盘上，如图 2-16 所示。当设计好作品进行第一次存储时，选择"保存"命令，弹出"另存为"对话框，如图 2-17 所示。在对话框中，输入文件名，选择保存类型，单击"保存"按钮，即可将动画保存。

图 2-16　　　　　　　　　　　图 2-17

> **提示：** 对已经保存过的动画文件进行各种编辑操作后，选择"保存"命令，将不弹出"另存为"对话框，计算机直接保留最终确认的结果，并覆盖原始文件。因此，在未确定要放弃原始文件之前，应慎用此命令。

若既要保留修改过的文件，又不想放弃原文件，可以选择"文件 > 另存为"命令，弹出"另存为"对话框。在对话框中，可以为更改过的文件重新命名、选择路径、设定保存类型，然后进行保存，这样原文件保留不变。

2.2.3　打开文件

如果要修改已完成的动画文件，必须先将其打开。

选择"文件 > 打开"命令，弹出"打开"对话框，在对话框中搜索路径和文件，确认文件类型和名称，如图 2-18 所示。然后单击"打开"按钮，或直接双击文件，即可打开所指定的动画文件，如图 2-19 所示。

图 2-18　　　　　　　　　　　图 2-19

在"打开"对话框中，也可以一次同时打开多个文件，只要在文件列表中将所需的几个文件选中，并单击"打开"按钮，系统就逐个打开这些文件，以免多次反复调用"打开"对话框。在"打开"对话框中，按住 Ctrl 键的同时，用鼠标单击可以选择不连续的文件；按住 Shift 键，用鼠标单击可以选择连续的文件。

2.2.4　导入文件

Flash CS6 可以导入各种文件格式的矢量图形、位图及视频文件。矢量格式包括 FreeHand 文件、Adobe Illustrator 文件、EPS 文件和 PDF 文件。位图格式包括 JPG、GIF、PNG、BMP 等格式。视频格式包括 F4V 和 FLV 等格式。

1. 导入到舞台

（1）导入位图到舞台：当导入位图到舞台时，舞台上显示出该位图，位图同时被保存在"库"面板中。

选择"文件 > 导入 > 导入到舞台"命令，弹出"导入"对话框，在对话框中选择"基础素材 > Ch02 > 02"文件，如图 2-20 所示。单击"打开"按钮，弹出提示对话框，如图 2-21 所示。

图 2-20   图 2-21

当单击"否"按钮时，选择的位图图片"02"被导入舞台上，这时，舞台、"库"面板和"时间轴"所显示的效果如图 2-22、图 2-23 和图 2-24 所示。

图 2-22   图 2-23   图 2-24

当单击"是"按钮时，位图图片 02 ~ 04 全部被导入到舞台上，这时，舞台、"库"面板和"时间轴"所显示的效果如图 2-25、图 2-26 和图 2-27 所示。

图 2-25   图 2-26   图 2-27

提 示：可以用各种方式将多种位图导入到 Flash CS6 中，并且可以从 Flash CS6 中启动 Fireworks 或其他外部图像编辑器，从而在这些编辑应用程序中修改导入的位图。可以对导入位图应用压缩和消除锯齿功能，以控制位图在 Flash CS6 中的大小和外观，还可以将导入位图作为填充应用到对象中。

（2）导入矢量图到舞台：当导入矢量图到舞台上时，舞台上显示该矢量图，但矢量图并不会被保存到"库"面板中。

选择"文件 > 导入 > 导入到舞台"命令，弹出"导入"对话框，在对话框中选择"基础素材 > Ch02 > 05"文件，如图 2-28 所示。单击"打开"按钮，弹出"将'05.ai'导入到舞台"对话框，如图 2-29 所示。单击"确定"按钮，矢量图被导入到舞台上，如图 2-30 所示。此时，查看"库"面板，并没有保存矢量图"05"，如图 2-31 所示。

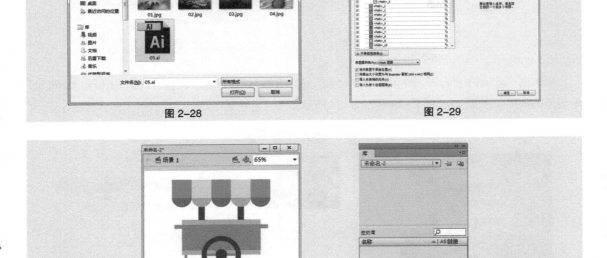

图 2-28   图 2-29

图 2-30   图 2-31

2. 导入到库

（1）导入位图到库：当导入位图到"库"面板时，舞台上不显示该位图，只在"库"面板中进行显示。

选择"文件 > 导入 > 导入到库"命令，弹出"导入到库"对话框，在对话框中选择"基础素材 > Ch02 > 03"文件，如图 2-32 所示。单击"打开"按钮，位图被导入"库"面板中，如图 2-33 所示。

图 2-32   图 2-33

（2）导入矢量图到库：当导入矢量图到"库"面板时，舞台上不显示该矢量图，只在"库"面板中进行显示。

选择"文件 > 导入 > 导入到库"命令，弹出"导入到库"对话框，在对话框中选择"基础素材 > Ch02 > 06"文件。单击"打开"按钮，弹出"将'06.ai'导入到库"对话框，如图 2-34 所示。单击"确定"按钮，矢量图被导入到"库"面板中，如图 2-35 所示。

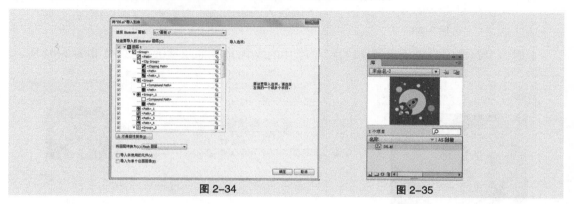

图 2-34　　　　　　　　　　图 2-35

3. 外部粘贴

可以将其他程序或文档中的位图粘贴到 Flash CS6 的舞台中。方法为在其他程序或文档中复制图像，选中 Flash CS6 文档，按 Ctrl+V 组合键，将复制的图像进行粘贴，图像出现在 Flash CS6 文档的舞台中。

4. 导入视频

Macromedia Flash Video（FLV）文件可以导入或导出带编码音频的静态视频流，适用于通信应用程序，例如视频会议、包含从 Adobe 的 Macromedia Flash Media Server 中导出的屏幕共享编码数据的文件。

要导入 FLV 格式的文件，可以选择"文件 > 导入 > 导入视频"命令，弹出"导入视频"对话框，单击"浏览"按钮，弹出"打开"对话框，在对话框中选择"基础素材 > Ch02 > 07"文件，如图 2-36 所示。单击"打开"按钮，返回到"导入"对话框，在对话框中点选"在 SWF 中嵌入 FLV 并在时间轴中播放"单选项，如图 2-37 所示，单击"下一步"按钮。

图 2-36　　　　　　　　　　图 2-37

进入"嵌入"对话框，如图 2-38 所示。单击"下一步"按钮，弹出"完成视频导入"对话框，如图 2-39 所示，单击"完成"按钮完成视频的编辑。

图 2-38   图 2-39

此时，"舞台窗口""时间轴"和"库"面板中的效果分别如图 2-40、图 2-41 和图 2-42 所示。

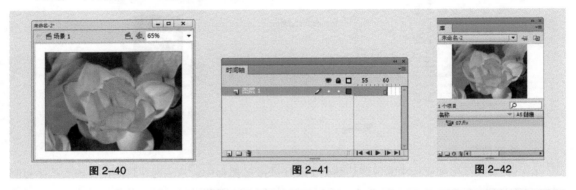

图 2-40   图 2-41   图 2-42

2.3　影片的测试与优化

在动画的设计过程中，经常要测试当前编辑的动画，以便了解作品是否达到预期效果。如果动画要在网络环境中播放，还要考虑动画作品文件的大小，要在保证动画作品效果的同时，优化动画文件，保证其最好的网络播放效果。

慕课视频

影片的
测试与优化

2.3.1　影片测试窗口

选择"控制 > 测试影片"命令，进入影片测试窗口。测试窗口上方的菜单栏如图 2-43 所示。在菜单栏中最常用的是"视图"菜单和"控制"菜单。单击"视图"菜单，弹出其下拉子菜单，如图 2-44所示。

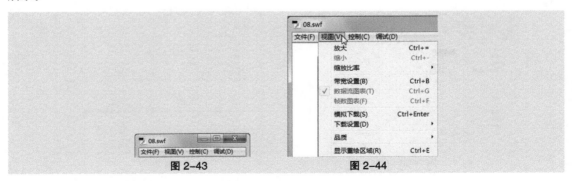

图 2-43   图 2-44

"放大"命令：可以将测试区中的影片放大显示。
"缩小"命令：可以将放大后的影片缩小显示。

"缩放比率"命令：可以将测试区中的影片按照百分比或完全显示的方式进行显示。

"带宽设置"命令：可以显示出带宽特性窗口，用来观察数据流的情况。

"数据流图表"命令：可以用条形图的形式模拟下载方式，显示每一帧数据量的大小，如图2-45所示。

"帧数图表"命令：可以用条形图的形式显示每一帧数据量的大小，如图2-46所示。

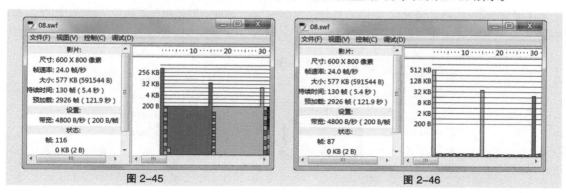

图 2-45   图 2-46

"模拟下载"命令：可以模拟在设定传输条件下，以数据流方式下载动画时的情况。可以通过标尺上绿色的进度条来观察下载情况，如图2-47所示。

"下载设置"命令：可以设置模拟的下载条件。可在其子菜单中选择传输速率，也可自定义传输速率。

"品质"命令：可以设置影片测试区中动画显示的效果。

单击"控制"菜单，弹出其下拉子菜单，如图2-48所示。

"播放"命令：可以播放当前的动画。

"后退"命令：回到动画的第1帧并停止播放动画。

"循环"命令：可以将动画进行循环播放。

"前进一帧"命令：可以将动画前进1帧显示。

"后退一帧"命令：可以将动画后退1帧显示。

"禁用快捷键"命令：使查看动画所使用的快捷键都不可用。

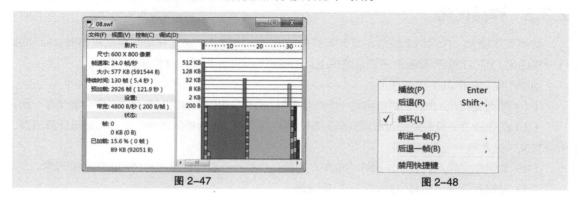

图 2-47   图 2-48

2.3.2　测试影片下载性能

测试影片下载性能，对制作动画来说非常重要。用户可以使用带宽设置，以图形化的形式查看下载性能。要测试影片下载性能，选择"控制 > 测试影片 > 测试"命令，进入影片测试窗口。选择"视图 > 带宽设置"命令，打开带宽特性窗口，如图 2-49 所示。

窗口的左侧显示的是当前动画的信息和播放情况。窗口的右侧显示的是动画影片各帧上的数据量。矩形条越大，表示该帧上的数据量越大。红色的水平线是动画传输速率的警备线，其位置由传输条件决定。当帧上的矩形条高于红色水平线时，表示在播放该帧时，有可能产生停顿。

在播放动画时，指针经过其中一帧，在窗口左侧的"帧"选项上显示出当前播放的帧数，如图 2-50 所示。

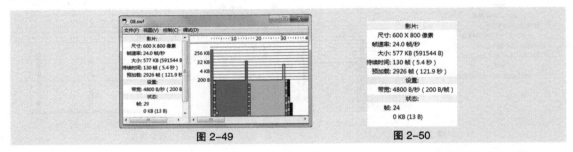

图 2-49　　　　　　　　　　　　　　　　图 2-50

选择"视图 > 模拟下载"命令，在窗口左侧的"已加载"选项上显示加载的百分比，如图 2-51 所示。同时，在窗口右侧的标尺上显示出绿色的进度条，代表加载的速度，如图 2-52 所示。

标尺上的指针▽表示当前动画播放的位置。当指针显示的位置赶上加载进度条时，动画就会出现停顿现象。

图 2-51　　　　　　　　　　　　　　　　图 2-52

2.3.3　作品优化

动画文件越大，在网络上播放浏览时等待播放的时间就越长。虽然在动画作品发布时会自动进行一些优化，但是在制作动画时还要从整体上对动画进行优化，以减少文件量。

动画的优化包括以下几个方面。

（1）将动画中所有相同的对象用同一个符号引用，这样，相同内容的对象在作品中只能保存一次。

（2）在动画中尽量避免使用逐帧动画，多使用补间动画。因为补间动画中的过渡帧是计算所得，所以其文件量大大少于逐帧动画。

（3）如果使用导入的位图，最好将位图作为背景或静止元素，尽量避免使用位图动画元素。

（4）对舞台中多个相对位置固定的对象建组。

（5）尽量用矢量线条代替矢量色块。减少矢量图形的复杂程度，如减少图形的边数或曲线上折线的数量。

（6）尽量不要将文字打散成轮廓，尽量少用嵌入字体。

（7）尽量少用渐变色，使用单色，因为渐变色比单色多占用 50 个字节的存储空间。少使用不透明度，因为会减慢回放速度。

（8）尽量限制使用特殊线条的类型数，如虚线、点线等。实线比特殊线条占用的空间要小。使用"铅笔"工具 ✐ 绘制的线条比使用"刷子"工具 ✐ 绘制的线条占用的空间要小。

（9）使用"属性"面板中"颜色"选项下拉列表中的各个命令设置实例，可以使同一元件的不同实例产生多种不同的效果。

（10）尽量避免在作品的开始出现停顿。在作品的开始阶段，要在文件量大的帧前面设计一些较小的帧序列，在播放这些帧的同时，预载后面文件量大的内容。

（11）对于动画的音频素材，尽量使用 MP3 格式，因为其占用空间最小，压缩效果最好。

（12）音频引用对象和位图引用对象包含的文件量大，因此，避免在同一关键帧中同时包含这两种引用对象，否则，可能会出现停顿帧。

2.4 影片的输出与发布

动画作品设计完成后，要通过输出或发布方式将其制作成可以脱离 Flash CS6 环境播放的动画文件。并不是所有应用系统都支持 Flash 文件格式，如果要在网页、应用程序、多媒体中编辑动画作品，可以将它们导出成通用的文件格式，如 GIF、JPEG、PNG、BMP、QuickTime 或 AVI。

幕课视频

影片的输出与发布

2.4.1 输出影片设置

选择"文件 > 导出"命令，其子菜单如图 2-53 所示。可以选择将文件导出为图像或影片。

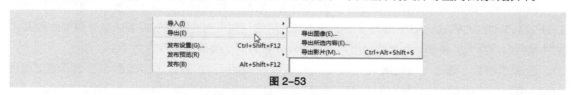

导入(I)	▶		
导出(E)	▶	导出图像(E)...	
发布设置(G)	Ctrl+Shift+F12	导出所选内容(E)...	
发布预览(R)		导出影片(M)...	Ctrl+Alt+Shift+S
发布(B)	Alt+Shift+F12		

图 2-53

"导出图像"命令：可以将当前帧或所选图像导出为一种静止图像格式，或导出为单帧 Flash Player 应用程序。

"导出所选内容"命令：可以将当前所选择的内容导出为一个以 .fxg 为后缀的文件。

"导出影片"命令：可以将动画导出为包含一系列图片、音频的动画格式或静止帧；当导出静止图像时，可以为文档中的每一帧都创建一个带有编号的图像文件；还可以将文档中的声音导出为 WAV 文件。

> **提示：** 将 Flash 图像保存为位图、GIF、JPEG、BMP 文件时，图像会丢失其矢量信息，仅以像素信息保存。但在将 Flash 图像导出为矢量图形文件时，如 Illustrator 格式，可以保留其矢量信息。

2.4.2 输出影片格式

Flash CS6 可以输出多种格式的动画或图形文件，一般包含以下几种常用类型。

1. SWF 影片（*.swf）

SWF 动画是浏览网页时常见的动画格式，它是以 .swf 为后缀的文件，具有动画、声音和交互等功能，它需要在浏览器中安装 Flash 播放器插件才能观看。将整个文档导出为具有动画效果和交互功能的 Flash SWF 文件，以便将 Flash 内容导入其他应用程序中，如导入 Dreamweaver 中。

选择"文件 > 导出 > 导出影片"命令，弹出"导出影片"对话框，在"文件名"选项的文本框中输入要导出动画的名称，在"保存类型"选项的下拉列表中选择"SWF 影片（*.swf）"，如图 2-54 所示，单击"保存"按钮，即可导出影片。

图 2-54

> **提示**：在以 SWF 格式导出 Flash 文件时，文本以 Unicode 格式进行编码。Unicode 编码是一种文字信息的通用字符集编码标准，它是一种 16 位编码格式。也就是说，Flash 文件中的文字使用双位元组字符集进行编码。

2. Windows AVI（*.avi）

Windows AVI 是标准的 Windows 影片格式，它是一种很好的、用于在视频编辑应用程序中打开 Flash 动画的格式。AVI 是基于位图的格式，因此，如果包含的动画很长或者分辨率比较高，文件量就会非常大。将 Flash 文件导出为 Windows 视频时，会丢失所有的交互性。

选择"文件 > 导出 > 导出影片"命令，弹出"导出影片"对话框，在"文件名"选项的文本框中输入要导出视频文件的名称，在"保存类型"选项的下拉列表中选择"Windows AVI（*.avi）"，如图 2-55 所示，单击"保存"按钮，弹出"导出 Windows AVI"对话框，如图 2-56 所示。

图 2-55   图 2-56

"宽"和"高"选项：可以指定 AVI 影片的宽度和高度，以像素为单位。当宽度和高度两者指定其一时，另一个尺寸会自动设置，这样会保持原始文档的高宽比。

"保持高宽比"选项：取消对此选项的选择，可以分别设置宽度和高度。

"视频格式"选项：可以选择输出作品的颜色位数。目前许多应用程序不支持32位色的图像格式，如果使用这种格式时出现问题，可以使用 24 位色的图像格式。

"压缩视频"选项：勾选此选项，可以选择标准的 AVI 压缩选项。

"平滑"选项：可以消除导出 AVI 影片中的锯齿。勾选此选项，能产生高质量的图像。背景为彩色时，AVI 影片可能会在图像的周围产生模糊，此时，不勾选此选项。

"声音格式"选项：设置音轨的取样比率和大小，以及是以单声还是以立体声导出声音。取样率高，声音的保真度就高，但占据的存储空间也大。取样率和大小越小，导出的文件就越小，但可能会影响声音品质。

3. WAV 音频（*.wav）

可以将动画中的音频对象导出，并以 WAV 声音文件格式保存。

选择"文件 > 导出 > 导出影片"命令，弹出"导出影片"对话框，在"文件名"选项的文本框中输入要导出音频文件的名称，在"保存类型"选项的下拉列表中选择"WAV 音频（*.wav）"，如图 2-57 所示，单击"保存"按钮，弹出"导出 Windows WAV"对话框，如图 2-58 所示。

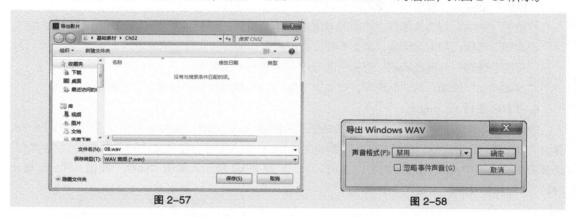

图 2-57　　　　　　　　　　　　　　　　图 2-58

"声音格式"选项：可以设置导出声音的取样频率、比特率以及立体声或单声。

"忽略事件声音"选项：勾选此选项，可以从导出的音频文件中排除事件声音。

4. JPEG 图像（*.jpg）

可以将 Flash 文档中当前帧上的对象导出成 JPEG 位图文件。JPEG 格式图像为高压缩比的 24 位位图。JPEG 格式适合显示包含连续色调（如照片、渐变色或嵌入位图）的图像。其导出设置与位图（*.bmp）相似，不再赘述。

5. GIF 序列（*.gif）

网页中常见的动态图标大部分是 GIF 动画形式，它由多个连续的 GIF 图像组成。在 Flash 动画时间轴上的每一帧都会变为 GIF 动画中的一幅图片。GIF 动画不支持声音和交互，并比不含声音的 SWF 动画文件量大。

选择"文件 > 导出 > 导出影片"命令，弹出"导出影片"对话框，在"文件名"选项的文本框中输入要导出序列文件的名称，在"保存类型"选项的下拉列表中选择"GIF 动画（*.gif）"，如图 2-59 所示，单击"保存"按钮，弹出"导出 GIF"对话框，如图 2-60 所示。

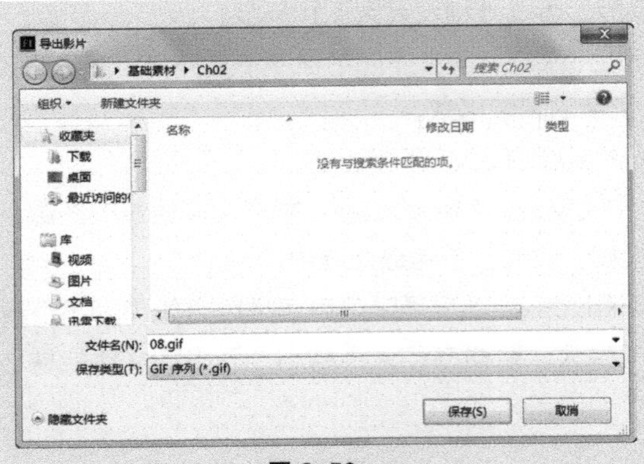

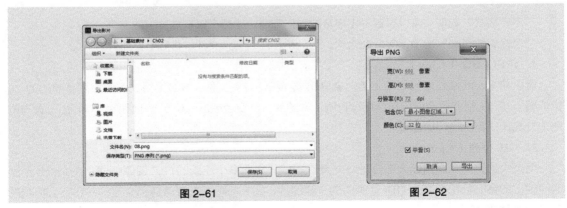

图 2-59 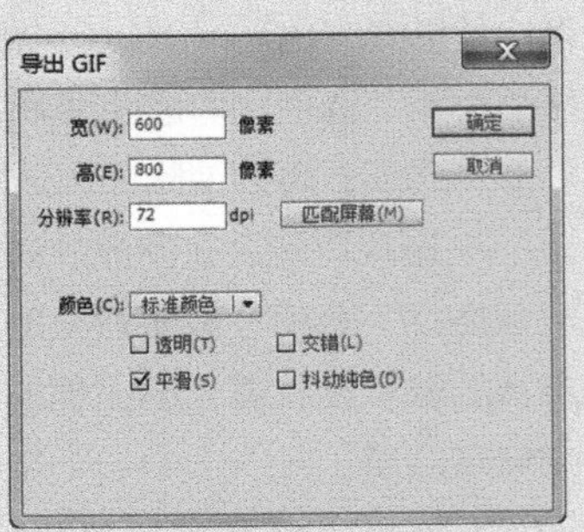　　　　　　　　　　　　　　　　　　　　　图 2-60

"宽"和"高"选项：设置 GIF 动画的尺寸大小。

"分辨率"选项：设置导出动画的分辨率，并且让 Flash CS6 根据图形的大小自动计算宽度和高度。单击"匹配屏幕"按钮，可以将分辨率设置为与显示器相匹配。

"颜色"选项：创建导出图像的颜色数量。

"透明"选项：勾选此选项，输出的 GIF 动画的背景色为透明。

"交错"选项：勾选此选项，浏览者在下载过程中，动画以交互方式显示。

"平滑"选项：勾选此选项，对输出的 GIF 动画进行平滑处理。

"抖动纯色"选项：勾选此选项，对 GIF 动画中的色块进行抖动处理，以提高画面质量。

6. PNG 序列（*.png）

PNG 文件格式是一种可以跨平台支持透明度的图像格式。选择"文件 > 导出 > 导出影片"命令，弹出"导出影片"对话框，在"文件名"选项的文本框中输入要导出序列文件的名称，在"保存类型"选项的下拉列表中选择"png 序列（*.png）"，如图 2-61 所示，单击"保存"按钮，弹出"导出PNG"对话框，如图 2-62 所示。

图 2-61　　　　　　　　　　　　　　　　　　　　　图 2-62

"宽"和"高"选项：设置 PNG 图片的尺寸大小。

"分辨率"选项：设置导出图片的分辨率，并且让 Flash CS6 根据图形的大小自动计算宽度和高度。单击"匹配屏幕"按钮，可以将分辨率设置为与显示器相匹配。

"包含"选项：可以设置导出图片的区域大小。

"颜色"选项：创建导出图像的颜色数量。

"平滑"选项：勾选此选项，对输出的 PNG 图片进行平滑处理。

2.4.3　发布影片设置

选择"文件 > 发布"菜单命令，在 Flash 文件所在的文件夹中生成与 Flash 文件同名的 SWF 文件和 HTML 文件，如图 2-63 所示。

如果要设置同时输出多种格式的动画作品，选择"文件 > 发布设置"命令，弹出"发布设置"对话框，如图 2-64 所示。在默认状态下，只有两种发布格式。可以选择下方的复选框，对话框的上方将出现相应的格式选项卡，如图 2-65 所示。

图 2-63　　　　　　　　　　　图 2-64　　　　　　　　　　　图 2-65

可以在每种格式右侧的文本框中，为文件重新命名。单击"使用默认名称"按钮，则每种格式都使用默认的影片文件名。单击发布目标按钮 📁，可以为文件重新设置要发布的文件夹。

> **提示：** 在"发布设置"对话框中完成设置后，单击"确定"按钮，此时并不发布文件，只有单击"发布"按钮时才能发布文件。

2.4.4　发布影片格式

Flash CS6 能够发布多种格式的文件。下面介绍各种格式文件的参数设置。

1．Flash SWF 文件格式

Flash SWF 文件是网络上流行的动画格式。在"发布设置"对话框中单击"Flash"复选框，切换到"Flash"面板，如图 2-66 所示。

2．HTML 文件格式

HTML 文件用于在网页中引导和播放 Flash 动画作品。如果要在网络上播放 Flash 电影，需要创建一个能激活电影并指定浏览器设置的 HTML 文件。在"发布设置"对话框中单击 "HTML"复选框，切换到"HTML"面板，如图 2-67 所示。

3．GIF 文件格式

Flash CS6 可以将动画发布为 GIF 格式的动画，这样不使用任何插件就可以观看动画。但 GIF 格式的动画已经不属于矢量动画，不能随意无损地放大或缩小画面，而且动画中的声音和动作都会失效。在"发布设置"对话框中单击"GIF"复选框，切换到"GIF"面板，如图 2-68 所示。

4．JPEG 文件格式

在"发布设置"对话框中单击 "JPEG"复选框，切换到"JPEG"面板，如图 2-69 所示。

5．PNG 文件格式

PNG 文件格式是一种可以跨平台支持透明度的图像格式。在"发布设置"对话框中单击 "PNG"复选框，切换到"PNG"面板，如图 2-70 所示。

图 2-66   图 2-67   图 2-68

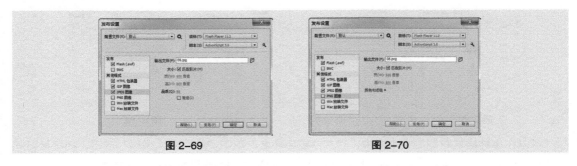

图 2-69   图 2-70

2.4.5　发布预览及打包文件

1. 发布预览

使用发布预览，可以从发布预览子菜单中选择一种文件格式进行输出。在子菜单中可以选择的格式都是在"发布设置"对话框中指定好的输出格式。

选择"文件 > 发布预览"命令，弹出相应的子菜单，如图 2-71 所示。

默认(D) - (HTML)	F12
Flash(F)	
HTML(H)	
GIF(G)	
JPEG(J)	
PNG(P)	
放映文件(R)	

图 2-71

在子菜单中选择任何一种文件格式，Flash CS6 即可创建一个指定格式的文件，并将它放到 Flash 影片文档所在的文件夹中。

2. 打包文件

在网页中浏览 SWF 动画需要先安装插件，如果在不安装插件的情况下观看动画，可以将 Flash 作品打包成后缀为 .exe 的文件，此文件可独立运行，并与后缀为 .swf 的文件动画效果相同。

制作好动画后，选择"文件 > 导出 > 导出影片"命令，弹出"导出影片"对话框，在对话框中设置导出影片的名称和格式，将"保存类型"设置为后缀是 .swf 的 Flash 影片格式进行导出。导出的 .swf 文件在 Flash 影片文档所在的文件夹中，如图 2-72 所示。

双击 .swf 文件，打开 Flash Player 播放器，选择"文件 > 创建播放器"命令，如图 2-73 所示。

图 2-72   图 2-73

弹出"另存为"对话框，在"文件名"选项中输入名称，其他为默认值，如图 2-74 所示。单击"保存"按钮，在 Flash 影片文档所在的文件夹中，生成了后缀为 .exe 的文件，如图 2-75 所示。

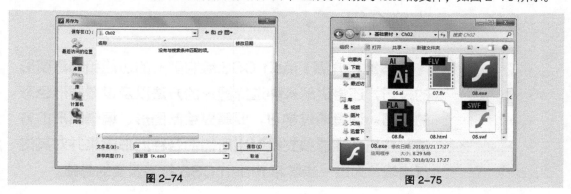

图 2-74   图 2-75

03

第 3 章
常用工具

▶ **本章介绍**

　　本章将介绍 Flash CS6 绘制图形的功能和编辑图形的技巧，还将讲解多种选择图形的方法以及设置图形色彩的技巧。读者通过学习，要掌握绘制图形、编辑图形的方法和技巧，要能独立绘制出所需的各种图形效果并对其进行编辑，为进一步学习 Flash CS6 打下坚实的基础。

学习目标

- 熟练掌握选择工具的使用方法
- 熟练掌握绘制图形的多种工具的使用方法
- 熟练掌握多种图形编辑工具的使用方法和技巧
- 了解图形的色彩，并掌握几种常用的色彩面板
- 掌握文本工具的使用方法及属性设置

技能目标

- 掌握"小狮子"的制作方法和技巧
- 掌握"小汽车"的绘制方法和技巧
- 掌握"车轮图标"的绘制方法和技巧
- 掌握"散文页面"的制作方法和技巧

慕课视频

常用工具

3.1 选择工具

在 Flash CS6 中如果要对舞台上的图形对象进行修改，需要先选择对象，再对其进行修改。

命令介绍

选择工具：可以完成选择、移动、复制、调整向量线条和色块的功能，是使用频率较高的一种工具。

套索工具：可以按需要在对象上选取任意一部分不规则的图形。

3.1.1 课堂案例——制作小狮子

【案例学习目标】使用不同的选择工具制作图形。

【案例知识要点】使用"移动"工具、"直接选择"工具，来完成小狮子的制作，如图 3-1 所示。

扫码观看
本案例视频

扫码观看
扩展案例

图 3-1

（1）选择"文件 > 打开"命令，在弹出的"打开"对话框中，选择素材 01 文件，单击"打开"按钮打开文件，如图 3-2 所示。

（2）选择"选择"工具，在舞台窗口中单击图 3-3 所示的图形，将其选中。按 Ctrl+X 组合键，将其剪切。单击"时间轴"面板下方的"新建图层"按钮，创建新图层并将其命名为"毛发"，如图 3-4 所示。按 Ctrl+V 组合键，将剪切板中的图形粘贴到"毛发"图层中。

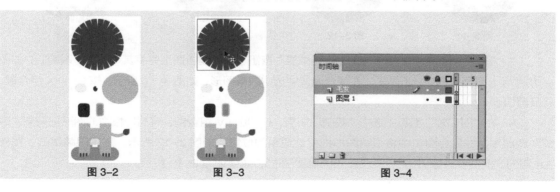

图 3-2   图 3-3   图 3-4

（3）在舞台窗口中将"毛发"图层中的图形拖曳到舞台的中心位置，如图 3-5 所示。单击"时间轴"面板下方的"新建图层"按钮，创建新图层并将其命名为"脸部"，如图 3-6 所示。

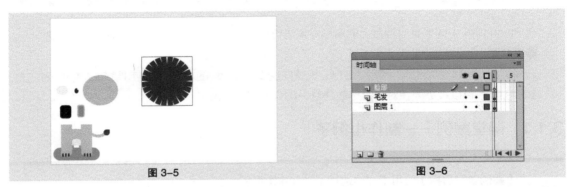

图 3-5　　　　　　　　　　　　　　　　　图 3-6

（4）在舞台窗口中选中黄色圆形，如图 3-7 所示。按 Ctrl+X 组合键，将其剪切。在"时间轴"面板中选中"脸部"图层，按 Ctrl+V 组合键，将剪切板中的图形粘贴到"脸部"图层中。在舞台窗口中将黄色圆形拖曳到适当的位置，如图 3-8 所示。

（5）将鼠标放置在图 3-9 所示的位置，鼠标下方出现圆弧 时，单击并向下拖曳鼠标到适当位置，改变图形的轮廓，效果如图 3-10 所示。

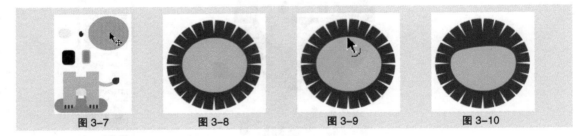

图 3-7　　　　　　　图 3-8　　　　　　　图 3-9　　　　　　　图 3-10

（6）选择"直接选择"工具，在黄色图形的边线上单击鼠标，图形的周围出现多个节点，如图 3-11 所示。单击图 3-12 所示的节点，将其选中。按向上的方向键多次，移动节点的位置，效果如图 3-13 所示。用相同的方法移动其他节点的位置，制作出图 3-14 所示的效果。

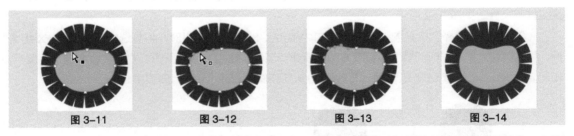

图 3-11　　　　　　图 3-12　　　　　　图 3-13　　　　　　图 3-14

（7）单击"时间轴"面板下方的"新建图层"按钮，创建新图层并将其命名为"眼睛"，如图 3-15 所示。选择"选择"工具，在舞台窗口中选中眼睛图形，如图 3-16 所示，按 Ctrl+X 组合键，将其剪切。

（8）在"时间轴"面板中选中"眼睛"图层，按 Ctrl+V 组合键，将剪切板中的图形粘贴到"眼睛"图层中。在舞台窗口中将眼睛图形拖曳到适当的位置，如图 3-17 所示。选中眼睛图形，按住 Alt 键的同时拖曳鼠标到适当的位置，复制眼睛图形，效果如图 3-18 所示。

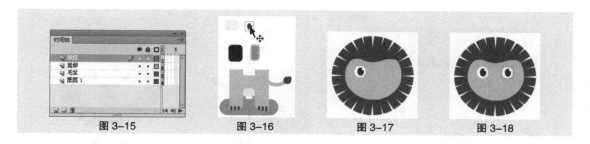

图 3-15　　　　　　　　图 3-16　　　　　　　　图 3-17　　　　　　　　图 3-18

（9）单击"时间轴"面板下方的"新建图层"按钮，创建新图层并将其命名为"鼻子"，如图 3-19 所示。在舞台窗口中选中黑色圆角矩形的下半部分，如图 3-20 所示，按 Delete 键，将其删除，效果如图 3-21 所示。

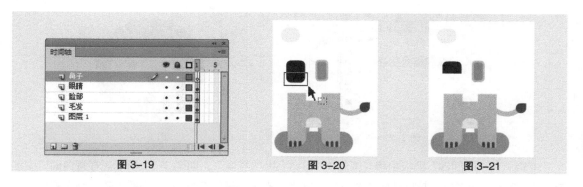

图 3-19　　　　　　　　　　图 3-20　　　　　　　　　　图 3-21

（10）选中黑色图形，按 Ctrl+X 组合键，将其剪切。在"时间轴"面板中选择"鼻子"图层，按 Ctrl+V 组合键，将其粘贴到"鼻子"图层中。在舞台窗口中将黑色图形拖曳到适当的位置，如图 3-22 所示。

（11）在舞台窗口中选中黄色圆角图形，如图 3-23 所示，按 Ctrl+X 组合键，将其剪切。在"时间轴"面板中选中"鼻子"图层，按 Ctrl+V 组合键，将其粘贴到"鼻子"图层中。在舞台窗口中将黄色圆角图形拖曳到适当的位置，如图 3-24 所示。选中黄色圆角图形，按住 Alt 键的同时拖曳鼠标到适当的位置，复制黄色圆角图形，效果如图 3-25 所示。

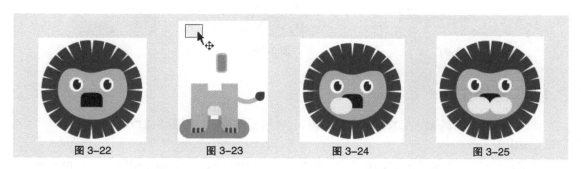

图 3-22　　　　　　　　图 3-23　　　　　　　　图 3-24　　　　　　　　图 3-25

（12）单击"时间轴"面板下方的"新建图层"按钮，创建新图层并将其命名为"嘴巴"，如图 3-26 所示。在舞台窗口中选中图 3-27 所示的图形，按 Ctrl+X 组合键，将其剪切。在"时间轴"面板中选中"嘴巴"图层，按 Ctrl+V 组合键，将其粘贴到"嘴巴"图层中。在舞台窗口中将图形拖曳到适当的位置，如图 3-28 所示。

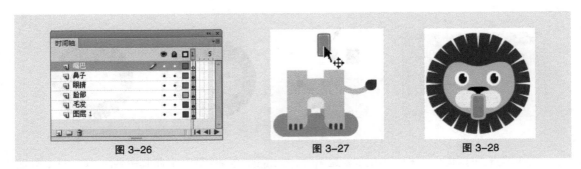

图 3-26　　　　　　　　图 3-27　　　　　　　　图 3-28

（13）在"时间轴"面板中将"嘴巴"图层拖曳到"鼻子"图层的下方，如图 3-29 所示，效果如图 3-30 所示。

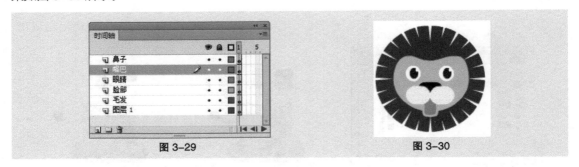

图 3-29　　　　　　　　　　　　　　图 3-30

（14）在"时间轴"面板中将"图层 1"重命名为"身体"，如图 3-31 所示。在舞台窗口中选中图 3-32 所示的图形，并将其拖曳到适当的位置，效果如图 3-33 所示。小狮子效果制作完成，按 Ctrl+Enter 组合键即可查看效果。

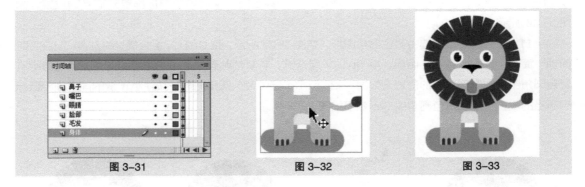

图 3-31　　　　　　　　图 3-32　　　　　　　　图 3-33

3.1.2　选择工具

选择"选择"工具 ，工具箱下方出现图 3-34 所示的按钮，利用这些按钮可以完成以下工作。

"贴紧至对象"按钮 ：自动将舞台上两个对象定位到一起。一般制作引导层动画时可利用此按钮将关键帧的对象锁定到引导路径上。此按钮还可以将对象定位到网格上。

"平滑"按钮 ：可以柔化选择的曲线条。当选中对象时，此按钮变为可用。

"伸直"按钮 ：可以锐化选择的曲线条。当选中对象时，此按钮变为可用。

图 3-34

1. 选择对象

选择"选择"工具![选择工具图标]，在舞台中的对象上单击鼠标进行点选，如图 3-35 所示。按住 Shift 键，再点选对象，可以同时选中多个对象，如图 3-36 所示。在舞台中拖曳出一个可以框选对象的矩形，如图 3-37 所示。

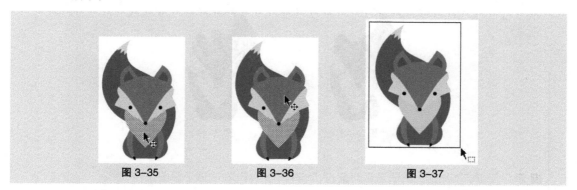

图 3-35   图 3-36   图 3-37

2. 移动和复制对象

选择"选择"工具![选择工具图标]，选中对象，如图 3-38 所示。按住鼠标不放，直接拖曳对象到任意位置，如图 3-39 所示。

选择"选择"工具![选择工具图标]，选中对象，按住 Alt 键，拖曳选中的对象到任意位置，选中的对象被复制，如图 3-40 所示。

图 3-38   图 3-39   图 3-40

3. 调整矢量线条和色块

选择"选择"工具![选择工具图标]，将鼠标移至对象，鼠标下方出现圆弧，如图 3-41 所示。拖动鼠标，对选中的线条和色块进行调整，如图 3-42 所示。

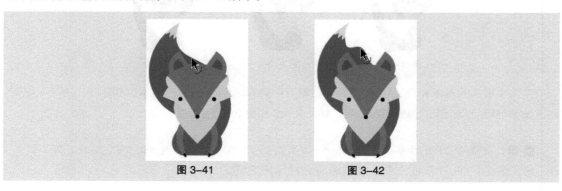

图 3-41   图 3-42

3.1.3 部分选取工具

选择"部分选取"工具![部分选取工具图标]，在对象的外边线上单击，对象上出现多个节点，如图 3-43 所示。拖动节点来调整节点的位置，从而改变对象的形状，如图 3-44 所示。

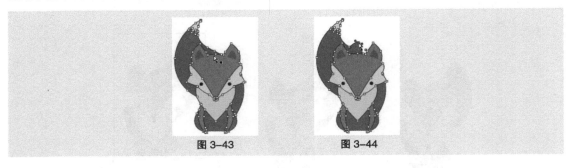

图 3-43　　　　　　　　图 3-44

提示： 若想增加图形上的节点，可通过"钢笔"工具![钢笔工具图标]在图形上单击来完成。

在改变对象的形状时，"部分选取"工具![图标]的光标会产生不同的变化，其表示的含义也不同。

带黑色方块的光标![图标]：当鼠标放置在节点以外的线段上时，光标变为![图标]，如图 3-45 所示。这时，可以移动对象到其他位置，如图 3-46 和图 3-47 所示。

图 3-45　　　　　　图 3-46　　　　　　图 3-47

带白色方块的光标![图标]：当鼠标放置在节点上时，光标变为![图标]，如图 3-48 所示。这时，可以移动单个的节点到其他位置，如图 3-49 和图 3-50 所示。

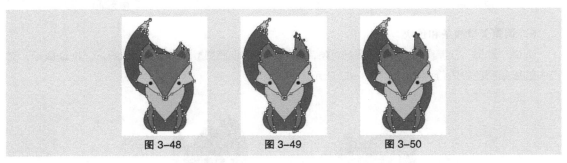

图 3-48　　　　　　图 3-49　　　　　　图 3-50

变为小箭头的光标![图标]：当鼠标放置在节点调节手柄的尽头时，光标变为![图标]，如图 3-51 所示。这时，可以调节与该节点相连的线段的弯曲度，如图 3-52 和图 3-53 所示。

提示： 在调整节点的手柄时，调整一个手柄，另一个相对的手柄也会随之发生变化。如果只想调整其中的一个手柄，按住 Alt 键，再进行调整即可。

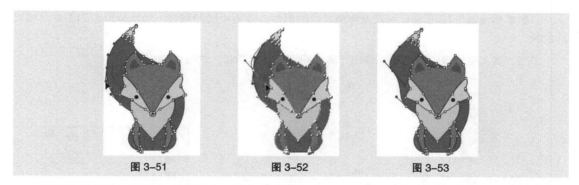

图 3-51　　　　　　　　　图 3-52　　　　　　　　　图 3-53

可以将直线节点转换为曲线节点，并进行弯曲度调节。选择"部分选取"工具 ，在对象的外边线上单击，对象上显示出节点，如图 3-54 所示。用鼠标单击要转换的节点，节点从空心变为实心，表示可编辑，如图 3-55 所示。

按住 Alt 键，用鼠标将节点向外拖曳，节点增加出两个可调节手柄，如图 3-56 所示。应用调节手柄可调节线段的弯曲度，如图 3-57 所示。

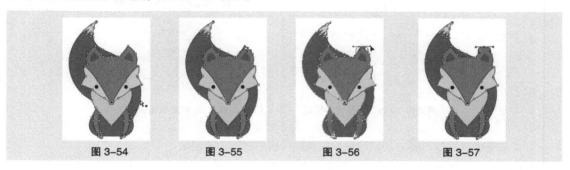

图 3-54　　　　　　　图 3-55　　　　　　　图 3-56　　　　　　　图 3-57

3.1.4　套索工具

选择"套索"工具 ，在场景中导入一幅位图，按 Ctrl+B 组合键，将位图进行分离。用鼠标在位图上任意勾画想要的区域，形成一个封闭的选区，如图 3-58 所示。松开鼠标，选区中的图像被选中，如图 3-59 所示。

在选择"套索"工具 后，工具箱的下方出现如图 3-60 所示的按钮。

图 3-58　　　　　　　　　图 3-59　　　　　　　　　图 3-60

"魔术棒"按钮 ：以点选的方式选择颜色相似的位图图形。

选中"魔术棒"按钮 ，将光标放在位图上，光标变为 ，在要选择的位图上单击鼠标，如图 3-61 所示。与点取点颜色相近的图像区域被选中。如图 3-62 所示。

"魔术棒设置"按钮 ：用来设置魔术棒的属性。应用不同的属性，魔术棒选取的图像区域大小不同。

单击"魔术棒设置"按钮 ，弹出"魔术棒设置"对话框，如图 3-63 所示。

図 3-61　　　　　　　　　　図 3-62　　　　　　　　　　図 3-63

在"魔术棒设置"对话框中设置不同数值后，所产生的不同效果如图 3-64 所示。

（a）阈值为 10 时选取图像的区域　　　（b）阈值为 50 时选取图像的区域

図 3-64

"多边形模式"按钮 ：可以用鼠标精确地勾画想要选中的图像。

选中"多边形模式"按钮 ，在图像上单击鼠标，确定第一个定位点；松开鼠标并将鼠标移至下一个定位点，再次单击鼠标，用相同的方法直到勾画出想要的图像，并使选取区域形成一个封闭的状态，如图 3-65 所示。双击鼠标，选区中的图像被选中，如图 3-66 所示。

図 3-65　　　　　　　　　　　　　　　図 3-66

3.2 绘图工具

在 Flash CS6 中创造的充满活力的设计作品都是由基本图形组成的，Flash CS6 提供了各种工具来绘制线条和图形。应用绘制工具可以绘制多变的图形与路径。

命令介绍

线条工具：可以绘制不同颜色、宽度、线型的直线。

铅笔工具：可以像使用真实的铅笔一样绘制出任意的线条和形状。

椭圆工具：可以绘制出不同样式的椭圆形和圆形。

刷子工具：可以像现实生活中的刷子涂色一样创建出刷子般的绘画效果，如书法效果就可使用刷子工具实现。

矩形工具：可以绘制出不同样式的矩形。

钢笔工具：可以绘制精确的路径，如在创建直线或曲线的过程中，可以先绘制直线或曲线，再调整直线段的角度、长度以及曲线段的斜率。

3.2.1　课堂案例——绘制小汽车

【案例学习目标】使用不同的选择工具制作图形。

【案例知识要点】使用"矩形"工具、"基本矩形"工具、"椭圆"工具、"钢笔"工具，来完成小汽车的绘制，如图 3-67 所示。

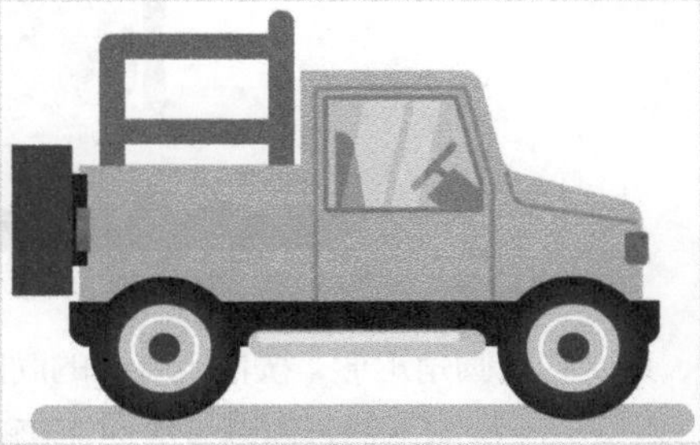

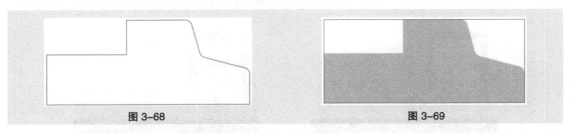

图 3-67

1.　绘制小汽车轮廓

（1）选择"文件 > 新建"命令，在弹出的"新建文档"对话框中，选择"常规"选项卡中的"ActionScript 3.0"选项，将"宽"选项设为 800，"高"选项设为 600，单击"确定"按钮，完成文档的创建。

（2）将"图层 1"重新命名为"主体"。选择"钢笔"工具，选中工具箱下方的"对象绘制"按钮，在钢笔工具"属性"面板中，将"笔触颜色"设为粉色（#FF6699），"填充颜色"设为无，"笔触"选项设为 2，在舞台窗口中绘制 1 个闭合边线，效果如图 3-68 所示。

（3）选择"选择"工具，在舞台窗口中选中闭合对象，在工具箱中将"填充颜色"设为黄色（#FAC000），"笔触颜色"设为无，效果如图 3-69 所示。

图 3-68

图 3-69

（4）选择"基本矩形"工具，在基本矩形工具"属性"面板中，将"笔触颜色"设为无，"填充颜色"设为黑色，其他选项的设置如图 3-70 所示，在舞台窗口中绘制 1 个矩形，效果如图 3-71 所示。

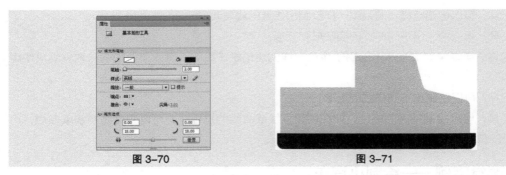

图 3-70   图 3-71

（5）单击"时间轴"面板下方的"新建图层"按钮，创建新图层并将其命名为"护栏"。在基本矩形工具"属性"面板中，将"笔触颜色"设为无，"填充颜色"设为红色（#CE3118），其他选项的设置如图 3-72 所示，在舞台窗口中绘制 1 个圆角矩形，效果如图 3-73 所示。

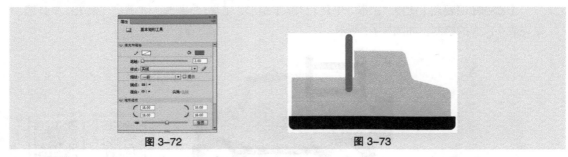

图 3-72   图 3-73

（6）选择"选择"工具，选中红色圆角矩形，按住 Alt 键的同时向左拖曳鼠标到适当的位置，复制红色圆角图形，效果如图 3-74 所示。按向下的方向键多次，向下移动图形，效果如图 3-75 所示。

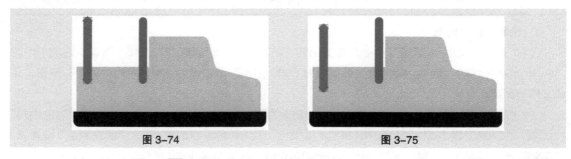

图 3-74   图 3-75

（7）选择"矩形"工具，在矩形工具"属性"面板中，将"笔触颜色"设为无，"填充颜色"设为红色（#CE3118），在舞台窗口中绘制 1 个矩形，如图 3-76 所示。选择"选择"工具，选中红色矩形，按住 Alt 键的同时向下拖曳鼠标到适当的位置，复制红色矩形，效果如图 3-77 所示。

图 3-76   图 3-77

（8）在"时间轴"面板中，将"护栏"图层拖曳到"主体"图层的下方，如图 3-78 所示，效果如图 3-79 所示。

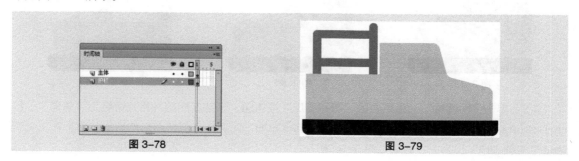

图 3-78   图 3-79

（9）在"时间轴"面板中选中"主体"图层，单击面板下方的"新建图层"按钮 🔲，创建新图层并将其命名为"备胎"。选择"矩形"工具 🔲，在矩形工具"属性"面板中，将"笔触颜色"设为无，"填充颜色"设为黑色，在舞台窗口中绘制 1 个矩形，如图 3-80 所示。在工具箱中将"填充颜色"设为深灰色（#51504E），在舞台窗口中绘制 1 个矩形，如图 3-81 所示。

图 3-80   图 3-81

2. 绘制装饰图形和车窗

（1）单击"时间轴"面板下方的"新建图层"按钮 🔲，创建新图层并将其命名为"装饰"。选择"钢笔"工具 🖊️，在钢笔工具"属性"面板中，将"笔触颜色"设为黑色，"填充颜色"设为无，"笔触"选项设为 1，在舞台窗口中绘制 2 个闭合边线，效果如图 3-82 所示。

（2）在"时间轴"面板中单击"装饰"图层，将该层中的对象全部选中，如图 3-83 所示。在工具箱中将"填充颜色"设为深黄色（#D89C00），"笔触颜色"设为无，效果如图 3-84 所示。

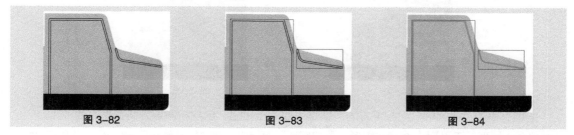

图 3-82   图 3-83   图 3-84

（3）单击"时间轴"面板下方的"新建图层"按钮 🔲，创建新图层并将其命名为"车窗边框"。选择"钢笔"工具 🖊️，在钢笔工具"属性"面板中，将"笔触颜色"设为灰色（#999999），"填充颜色"设为无，"笔触"选项设为 10，在舞台窗口中绘制 1 个闭合边线，效果如图 3-85 所示。

（4）选择"选择"工具 ▶️，选中图 3-86 所示的图形，在工具箱中将"填充颜色"设为深黄色（#DBD4C0），效果如图 3-87 所示。按 Ctrl+C 组合键，复制图形。

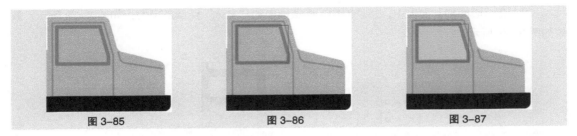

图 3-85　　　　　　　　　　　　　图 3-86　　　　　　　　　　　　　图 3-87

（5）单击"时间轴"面板下方的"新建图层"按钮，创建新图层并将其命名为"车窗"。按Ctrl+Shift+V 组合键，将复制的图形原位粘贴到"车窗"图层中。保持图形的选取状态，在工具箱中将"笔触颜色"设为无，效果如图 3-88 所示。

（6）单击"时间轴"面板下方的"新建图层"按钮，创建新图层并将其命名为"驾驶室"。选择"钢笔"工具，在钢笔工具"属性"面板中，将"笔触颜色"设为红色（#FF0000），"填充颜色"设为无，"笔触"选项设为 1，在舞台窗口中绘制 2 个闭合边线，效果如图 3-89 所示。

（7）在"时间轴"面板中选中"驾驶室"图层，将该层中的对象全部选中，在工具箱中将"填充颜色"设为褐色（#A59B7F），"笔触颜色"设为无，效果如图 3-90 所示。

图 3-88　　　　　　　　　　　　　图 3-89　　　　　　　　　　　　　图 3-90

（8）单击"时间轴"面板下方的"新建图层"按钮，创建新图层并将其命名为"高光"。选择"钢笔"工具，在钢笔工具"属性"面板中，将"笔触颜色"设为红色（#FF0000），"填充颜色"设为无，"笔触"选项设为 1，在舞台窗口中绘制 2 个闭合边线，效果如图 3-91 所示。

（9）在"时间轴"面板中选中"驾驶室"图层，将该层中的对象全部选中，在工具箱中将"填充颜色"设为白色，"Alpha"选项设为 30%，"笔触颜色"设为无，效果如图 3-92 所示。

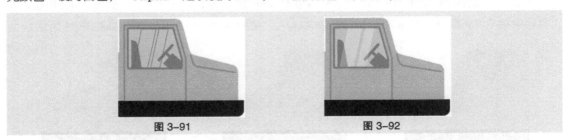

图 3-91　　　　　　　　　　　　　　　　图 3-92

（10）单击"时间轴"面板下方的"新建图层"按钮，创建新图层并将其命名为"车灯"。选择"基本矩形"工具，在基本矩形工具"属性"面板中，将"笔触颜色"设为无，"填充颜色"设为红色（#CE3118），其他选项的设置如图 3-93 所示，在舞台窗口中绘制 1 个矩形，效果如图 3-94 所示。

（11）选择"矩形"工具，在工具箱中将"笔触颜色"设为无，"填充颜色"设为红色（#E23712），在舞台窗口中绘制 1 个矩形，如图 3-95 所示。用相同的方法再次绘制 1 个红色（#CE3118）

矩形，效果如图 3-96 所示。

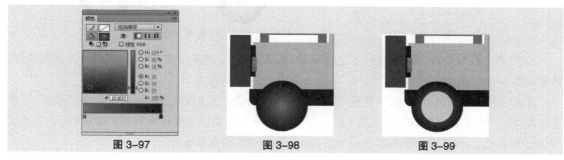

图 3-93   图 3-94   图 3-95   图 3-96

3. 绘制车轮图形

（1）单击"时间轴"面板下方的"新建图层"按钮 ，创建新图层并将其命名为"车轮"。选择"窗口 > 颜色"命令，弹出"颜色"面板，选择"填充颜色"选项 ，在"颜色类型"选项的下拉列表中选择"径向渐变"，在色带上将左边的颜色控制点设为灰色（# 929293），将右边的颜色控制点设为深灰色（#1D1E27），生成渐变色，如图 3-97 所示。

（2）选择"椭圆"工具 ，按住 Shift 键的同时，在舞台窗口中绘制 1 个圆形，效果如图 3-98 所示。在工具箱中将"填充颜色"设为灰色（#D5D5D3），按住 Shift 键的同时，在舞台窗口中绘制 1 个圆形，效果如图 3-99 所示。

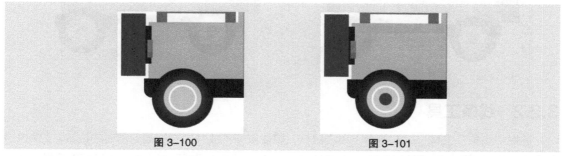

图 3-97   图 3-98   图 3-99

（3）在椭圆工具"属性"面板中，将"笔触颜色"设为白色，"填充颜色"设为灰色（#D5D5D3），"笔触"选项设为 4，按住 Shift 键的同时，在舞台窗口中绘制 1 个圆形，效果如图 3-100 所示。在工具箱中将"笔触颜色"设为无，按住 Shift 键的同时，在舞台窗口中绘制 1 个圆形，效果如图 3-101 所示。

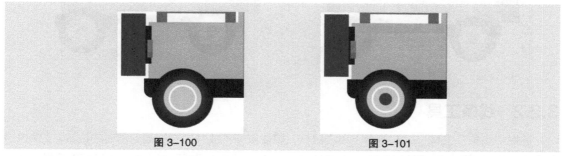

图 3-100   图 3-101

（4）在"时间轴"面板中选中"车轮"图层，将该层中的对象全部选中，如图 3-102 所示，按 Ctrl+G 组合键，将选中的对象编组，效果如图 3-103 所示。选择"选择"工具 ，选中组合对象，按住 Alt 键的同时向右拖曳鼠标到适当的位置，复制对象，效果如图 3-104 所示。

图 3-102　　　　　　　图 3-103　　　　　　　图 3-104

（5）在"时间轴"面板中选中"装饰"图层，选择"基本矩形"工具，在基本矩形工具"属性"面板中，将"笔触颜色"设为无，"填充颜色"设为灰色（#D5D5D3），其他选项的设置如图 3-105 所示，在舞台窗口中绘制 1 个圆角矩形，效果如图 3-106 所示。

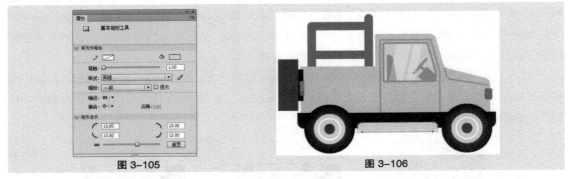

图 3-105　　　　　　　　　　　　图 3-106

（6）在工具箱中将"填充颜色"设为亮灰色（#F1F2F2），在舞台窗口中再次绘制 1 个圆角矩形，效果如图 3-107 所示。

（7）单击"时间轴"面板下方的"新建图层"按钮，创建新图层并将其命名为"阴影"。在工具箱中将"填充颜色"设为灰绿色（#CCCFB9），在舞台窗口中再次绘制 1 个圆角矩形，效果如图 3-108 所示。小汽车绘制完成，按 Ctrl+Enter 组合键即可查看效果。

图 3-107　　　　　　　　　　　　　　　图 3-108

3.2.2　线条工具

选择"线条"工具，在舞台上单击鼠标，按住鼠标不放并向右拖动到需要的位置，绘制出 1 条直线，松开鼠标，直线效果如图 3-109 所示。在线条工具"属性"面板中设置不同的笔触颜色、笔触大小、笔触样式，如图 3-110 所示。

设置不同的笔触属性后，绘制的线条如图 3-111 所示。

图 3-109　　　　　　　图 3-110　　　　　　　图 3-111

提示：选择"线条"工具时，如果按住 Shift 键的同时拖曳鼠标绘制，则只能在 45° 或 45° 的倍数方向绘制直线，无法为线条工具设置填充属性。

3.2.3　铅笔工具

选择"铅笔"工具，在舞台上单击鼠标，按住鼠标不放，在舞台上随意绘制出线条，松开鼠标，线条效果如图 3-112 所示。如果想要绘制出平滑或伸直的线条和形状，可以在工具箱下方的选项区域中为铅笔工具选择一种绘画模式，如图 3-113 所示。

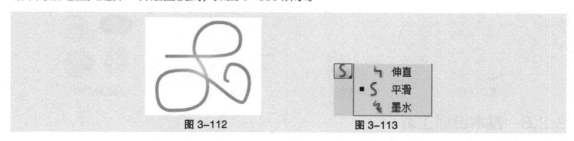

图 3-112　　　　　　　　　　　图 3-113

"伸直"选项：可以绘制直线，并将接近三角形、椭圆、圆形、矩形和正方形的形状转换为这些常见的几何形状。

"平滑"选项：可以绘制平滑曲线。

"墨水"选项：可以绘制不用修改的手绘线条。

在铅笔工具"属性"面板中设置不同的笔触颜色、笔触大小、笔触样式，如图 3-114 所示。设置不同的笔触属性后，绘制的图形如图 3-115 所示。

单击属性面板右侧的"编辑笔触样式"按钮，弹出"笔触样式"对话框，如图 3-116 所示，在对话框中可以自定义笔触样式。

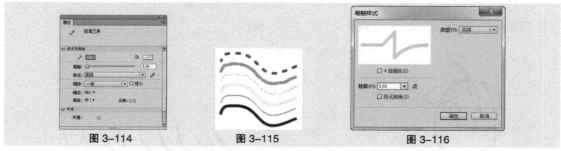

图 3-114　　　　　　　图 3-115　　　　　　　图 3-116

"4 倍缩放"选项：可以放大 4 倍预览设置不同选项后所产生的效果。

"粗细"选项：可以设置线条的粗细。

"锐化转角"选项：勾选此选项可以使线条的转折效果变得明显。

"类型"选项：可以在下拉列表中选择线条的类型。

> **提示：** 选择"铅笔"工具 🖉 时，如果按住 Shift 键的同时拖曳鼠标绘制，可将线条限制为垂直或水平方向。

3.2.4　椭圆工具

选择"椭圆"工具 ⊙，在舞台上单击鼠标，按住鼠标不放，向需要的位置拖曳鼠标，绘制椭圆，松开鼠标，图形效果如图 3-117 所示。按住 Shift 键的同时绘制图形，可以绘制出圆形，效果如图 3-118 所示。

在椭圆工具"属性"面板中设置不同的笔触颜色、笔触大小、笔触样式和填充颜色，如图 3-119 所示。设置不同的笔触属性和填充颜色后，绘制的图形如图 3-120 所示。

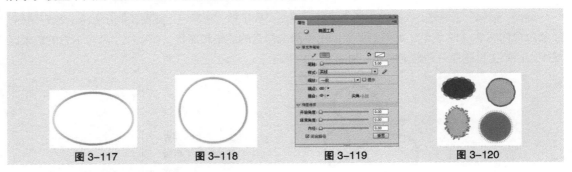

| 图 3-117 | 图 3-118 | 图 3-119 | 图 3-120 |

3.2.5　基本椭圆工具

"基本椭圆"工具 ⊙ 的使用方法和功能与"椭圆"工具 ⊙ 相同，唯一的区别在于"椭圆"工具 ⊙ 必须要先设置椭圆属性，然后再绘制，绘制好之后不可以再次更改椭圆属性。而"基本椭圆"工具 ⊙，在绘制前设置属性和在绘制后设置属性都是可以的。

3.2.6　刷子工具

选择"刷子"工具 🖌，在舞台上单击鼠标，按住鼠标不放，随意绘制出图形，松开鼠标，图形效果如图 3-121 所示。可以在刷子工具"属性"面板中设置不同的填充颜色和笔触平滑度，如图 3-122 所示。

在工具箱的下方应用"刷子大小"选项 ∙、"刷子形状"选项 ●，可以设置刷子的大小与形状。设置不同的刷子形状后所绘制的笔触效果如图 3-123 所示。

| 图 3-121 | 图 3-122 | 图 3-123 |

系统在工具箱的下方提供了 5 种刷子的模式供选择，如图 3-124 所示。

"标准绘画"模式：在同一层的线条和填充上以覆盖的方式涂色。

"颜料填充"模式：对填充区域和空白区域涂色，其他部分（如边框线）不受影响。

"后面绘画"模式：在舞台上同一层的空白区域涂色，但不影响原有的线条和填充。

"颜料选择"模式：在选定的区域内进行涂色，未被选中的区域不能够涂色。

"内部绘画"模式：在内部填充上绘图，但不影响线条。如果在空白区域中开始涂色，该填充不会影响任何现有填充区域。

应用不同模式绘制出的效果如图 3-125 所示。

图 3-124　　　　　　　　　　　图 3-125

"锁定填充"按钮：先为刷子选择径向渐变色彩。当没有选择此按钮时，用刷子绘制线条，每个线条都有自己完整的渐变过程，线条与线条之间不会互相影响，如图 3-126 所示；当选择此按钮时，颜色的渐变过程形成一个固定的区域，在这个区域内，刷子绘制到的地方，就会显示出相应的色彩，如图 3-127 所示。

图 3-126　　　　　　　　　图 3-127

在使用刷子工具涂色时，可以使用导入的位图作为填充。

导入"03"图片，如图 3-128 所示。选择"窗口 > 颜色"命令，弹出"颜色"面板，将"颜色类型"选项设为"位图填充"，用刚才导入的位图作为填充图案，如图 3-129 所示。选择"刷子"工具，在窗口中随意绘制一些笔触，效果如图 3-130 所示。

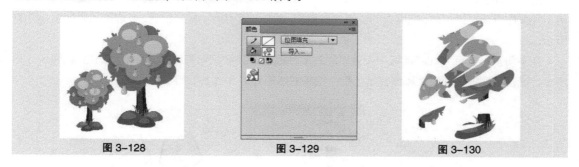

图 3-128　　　　　　　　　图 3-129　　　　　　　　　图 3-130

3.2.7　矩形工具

选择"矩形"工具，在舞台上单击鼠标，按住鼠标不放，向需要的位置拖曳鼠标，绘制出矩形图形，松开鼠标，矩形图形效果如图 3-131 所示。按住 Shift 键的同时绘制图形，可以绘制出正方形，如

图 3-132 所示。

可以在矩形工具"属性"面板中设置不同的笔触颜色、笔触大小、笔触样式和填充颜色,如图 3-133 所示。设置不同的笔触属性和填充颜色后,绘制的图形如图 3-134 所示。

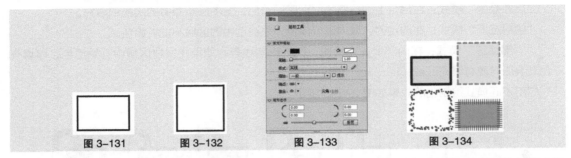

图 3-131　　　图 3-132　　　　　图 3-133　　　　　　图 3-134

可以应用矩形工具绘制圆角矩形。选择"属性"面板,在"矩形边角半径"选项的数值框中输入需要的数值,如图 3-135 所示。输入的数值不同,绘制出的圆角矩形也相应地不同,效果如图 3-136 所示。

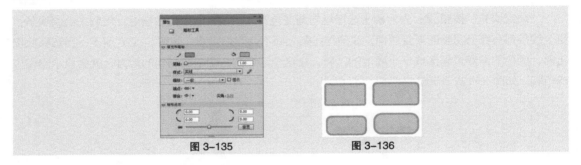

图 3-135　　　　　　图 3-136

3.2.8　基本矩形工具

"基本矩形"工具■和"矩形"工具■的区别与"椭圆"工具◯和"基本椭圆"工具◯的区别相同。

3.2.9　多角星形工具

应用多角星形工具可以绘制出不同样式的多边形和星形。选择"多角星形"工具◯,在舞台上单击并按住鼠标左键不放,向需要的位置拖曳鼠标,绘制出多边形,松开鼠标,多边形效果如图 3-137 所示。

在多角星形工具"属性"面板中设置不同的笔触颜色、笔触大小、笔触样式和填充颜色,如图 3-138 所示。设置不同的边框属性和填充颜色后,绘制的图形如图 3-139 所示。

图 3-137　　　　　　图 3-138　　　　　　图 3-139

单击属性面板下方的"选项"按钮███████选项...████████，弹出"工具设置"对话框，如图 3-140 所示，在对话框中可以自定义多边形的各种属性。

"样式"选项：在此选项中选择绘制多边形或星形。

"边数"选项：设置多边形的边数，选取范围为 3 ~ 32。

"星形顶点大小"选项：输入一个 0 ~ 1 的数值以指定星形顶点的深度。此数值越接近 0，创建的顶点就越深。此选项在多边形形状绘制中不起作用。

设置不同数值后，绘制出的多边形和星形也相应地不同，如图 3-141 所示。

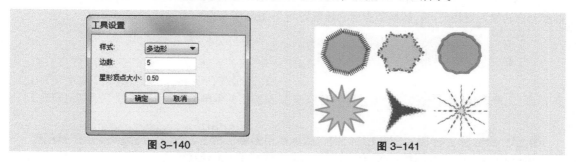

图 3-140　　　　　　　　　　　　　　图 3-141

3.2.10　钢笔工具

选择"钢笔"工具，将鼠标放置在舞台上想要绘制曲线的起始位置，然后按住鼠标不放。此时出现第一个锚点，并且钢笔尖光标变为箭头形状，如图 3-142 所示。松开鼠标，将鼠标放置在想要绘制的第二个锚点的位置，单击鼠标并按住不放，绘制出 1 条直线段，如图 3-143 所示。将鼠标向其他方向拖曳，直线转换为曲线，如图 3-144 所示。松开鼠标，1 条曲线绘制完成，如图 3-145 所示。

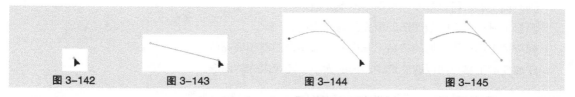

图 3-142　　　　　图 3-143　　　　　图 3-144　　　　　图 3-145

用相同的方法可以绘制出由多条曲线段组合而成的不同样式的曲线，如图 3-146 所示。

在绘制线段时，如果按住 Shift 键，再进行绘制，绘制出的线段将被限制为倾斜 45° 的倍数，如图 3-147 所示。

图 3-146　　　　　　　　　　　　　　图 3-147

在绘制线段时，"钢笔"工具的光标会产生不同的变化，其表示的含义也不同。

增加节点：当光标变为带加号时，如图 3-148 所示，在线段上单击鼠标就会增加一个节点，这样有助于更精确地调整线段。增加节点后的效果如图 3-149 所示。

图 3-148　　　　　　　　　　　　　　　　　　　图 3-149

删除节点：当光标变为带减号时 ，如图 3-150 所示，在线段上单击节点，就会将这个节点删除。删除节点后的效果如图 3-151 所示。

转换节点：当光标变为带折线时 ，如图 3-152 所示，在线段上单击节点，就会将这个节点从曲线节点转换为直线节点。转换节点后的效果如图 3-153 所示。

图 3-150　　　　　　　图 3-151　　　　　　　图 3-152　　　　　　　图 3-153

提示： 当选择"钢笔"工具 绘画时，鼠标在用铅笔、刷子、线条、椭圆或矩形工具创建的对象上单击，可以调整对象的节点，从而改变这些线条的形状。

3.3　上色工具

使用图形编辑工具可以改变图形的色彩、线条、形态等属性，从而创建充满变化的图形效果。

命令介绍

墨水瓶工具：可以修改向量图像的描边色。

颜料桶工具：可以修改向量图形的填充色。

滴管工具：可以吸取图形的填充色与描边色。

橡皮擦工具：用于擦除舞台上无用的向量图形边框和填充色。

任意变形工具：可以改变选中图形的大小，还可以旋转图形。

3.3.1　课堂案例——绘制车轮图标

【案例学习目标】使用不同的绘图工具绘制图形。

【案例知识要点】使用"钢笔"工具、"椭圆"工具、"颜料桶"工具、"渐变变形"工具、"任意变形"工具、"墨水瓶"工具，来完成车轮图标的绘制，如图 3-154 所示。

扫码观看　　　扫码观看
本案例视频　　扩展案例

图 3-154

（1）选择"文件 > 新建"命令，在弹出的"新建文档"对话框中，选择"常规"选项卡中的"ActionScript 3.0"选项，将"宽"选项设为 550，"高"选项设为 400，单击"确定"按钮，完成文档的创建。

（2）将"图层 1"重新命名为"圆形"。选择"椭圆"工具，在工具箱中将"笔触颜色"设为无，"填充颜色"设为深灰色（#353332），单击工具下方的"对象绘制"按钮，按住 Shift 键的同时，在舞台窗口中绘制 1 个圆形，效果如图 3-155 所示。

（3）按 Ctrl+C 组合键，将其复制。按 Ctrl+Shift+V 组合键，将复制的图形原位粘贴。选择"任意变形"工具，在图形的周围出现控制框，如图 3-156 所示。将鼠标放置在右上方的控制点上，光标变为时，按住 Alt+Shift 组合键的同时，向左下方拖曳鼠标到适当的位置，如图 3-157 所示，松开鼠标缩放图形。

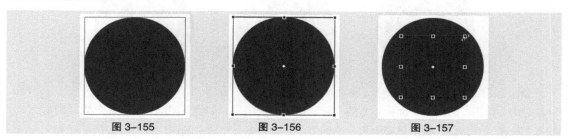

图 3-155　　　　　图 3-156　　　　　图 3-157

（4）选择"墨水瓶"工具，在墨水瓶工具"属性"面板中，将"笔触颜色"设为灰色（#BDBBB8），"笔触"选项设为 5，将鼠标放置在图 3-158 所示的图形边缘，光标变为时，单击鼠标为图形添加轮廓，效果如图 3-159 所示。

（5）按 Ctrl+C 组合键，复制图形。按 Ctrl+Shift+V 组合键，将复制的图形原位粘贴到当前位置。选择"任意变形"工具，在图形的周围出现控制框，将鼠标放置在右上方的控制点上，光标变为时，按住 Alt+Shift 组合键的同时，向左下方拖曳鼠标到适当的位置，如图 3-160 所示，松开鼠标缩放图形。

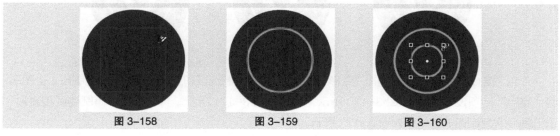

图 3-158　　　　　图 3-159　　　　　图 3-160

（6）选择"颜料桶"工具，在工具箱中将"填充颜色"设为亮灰色（#EDEDED），将鼠标放置在图 3-161 所示的圆形内部，单击鼠标填充颜色，效果如图 3-162 所示。在工具箱中将"笔触颜色"设为无，效果如图 3-163 所示。

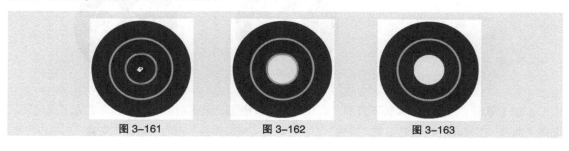

图 3-161　　　　　图 3-162　　　　　图 3-163

（7）按Ctrl+C组合键，复制图形。按Ctrl+Shift+V组合键，将复制的图形原位粘贴到当前位置。选择"任意变形"工具，在图形的周围出现控制框，将鼠标放置在右上方的控制点上，光标变为时，按住Alt+Shift组合键的同时，向左下方拖曳鼠标到适当的位置，如图3-164所示，松开鼠标缩放图形。

（8）选择"颜料桶"工具，在工具箱中将"填充颜色"设为深灰色（#353332），将鼠标放置在复制圆形的内部，单击鼠标填充颜色，效果如图3-165所示。

（9）选择"墨水瓶"工具，在墨水瓶工具"属性"面板中，将"笔触颜色"设为白色，"笔触"选项设为5，将鼠标放置在最小圆形的边缘，光标变为时，单击鼠标为图形添加轮廓，效果如图3-166所示。

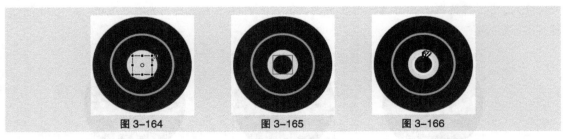

图3-164 　　　　　　　图3-165 　　　　　　　图3-166

（10）单击"时间轴"面板下方的"新建图层"按钮，创建新图层并将其命名为"圆形2"。选择"椭圆"工具，在工具箱中将"笔触颜色"设为无，"填充颜色"设为亮灰色（#D5D5D3），按住Shift键的同时，在舞台窗口中绘制1个圆形，效果如图3-167所示。

（11）选择"任意变形"工具，在图形的周围出现控制框，如图3-168所示，将中心点移动到图3-169所示的位置。

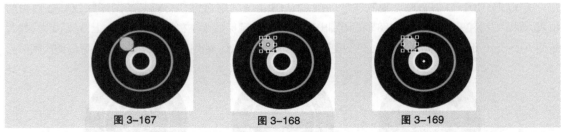

图3-167 　　　　　　　图3-168 　　　　　　　图3-169

（12）按Ctrl+T组合键，弹出"变形"面板，单击"重制选区和变形"按钮，复制出1个图形，将"旋转"选项设为72，如图3-170所示，效果如图3-171所示。再次单击"重制选区和变形"按钮4次复制图形，效果如图3-172所示。

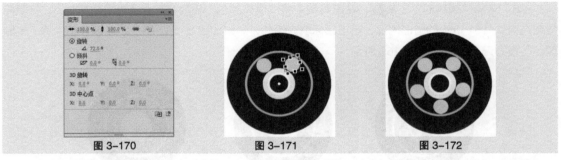

图3-170 　　　　　　　图3-171 　　　　　　　图3-172

（13）单击"时间轴"面板下方的"新建图层"按钮，创建新图层并将其命名为"火焰"。选择"钢笔"工具，在钢笔工具"属性"面板中，将"笔触颜色"设为黑色，"笔触"选项设为1，在舞台窗口中绘制 1 个闭合边线，效果如图 3-173 所示。

（14）选择"窗口 > 颜色"命令，弹出"颜色"面板，选择"填充颜色"选项 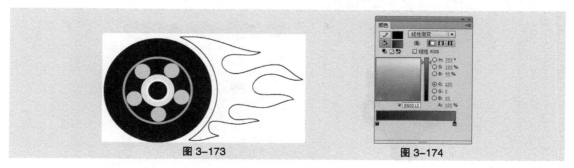 ，在"颜色类型"选项的下拉列表中选择"线性渐变"，在色带上将左边的颜色控制点设为深红色（#6B0000），将右边的颜色控制点设为红色（#E60013），生成渐变色，如图 3-174 所示。

图 3-173　　　　　　　　　　　　　　　　图 3-174

（15）选择"颜料桶"工具 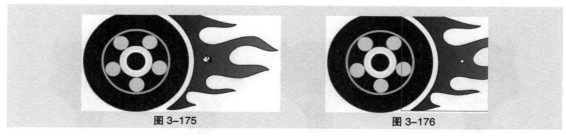 ，在边线内部单击鼠标，填充图形，如图 3-175 所示。选择"渐变变形"工具 ，在渐变对象上单击鼠标，出现 3 个控制点和 2 条平行线，如图 3-176 所示。

图 3-175　　　　　　　　　　　　　　　　图 3-176

（16）将鼠标放置在中心控制点上，光标变为 ✛ 时，如图 3-177 所示，单击鼠标并向左拖曳到适当的位置，改变渐变过渡效果，如图 3-178 所示。

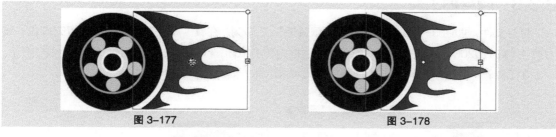

图 3-177　　　　　　　　　　　　　　　　图 3-178

（17）选择"墨水瓶"工具  ，在墨水瓶工具"属性"面板中，将"笔触颜色"设为红色（#CE3118），"笔触"选项设为 8，将鼠标放置在圆形的边缘，光标变为  时，如图 3-179 所示，单击鼠标修改图形的轮廓，效果如图 3-180 所示。车轮图标效果绘制完成，按 Ctrl+Enter 组合键即可查看效果。

图 3-179　　　　　　　　　　　　　　　　图 3-180

3.3.2　墨水瓶工具

使用墨水瓶工具可以修改矢量图形的边线。

打开文件，如图 3-181 所示。选择"墨水瓶"工具 ，在墨水瓶工具"属性"面板中设置笔触颜色、笔触大小以及笔触样式，如图 3-182 所示。

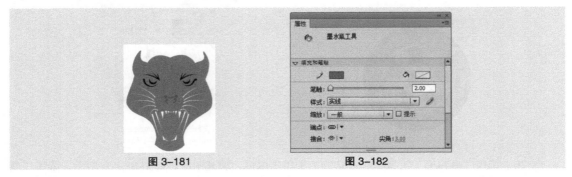

图 3-181　　　　　　　　　　　　　图 3-182

这时，光标变为 。在图形上单击鼠标，为图形增加设置好的边线，如图 3-183 所示。在墨水瓶工具"属性"面板中设置不同的属性，所绘制的边线效果不同，如图 3-184 所示。

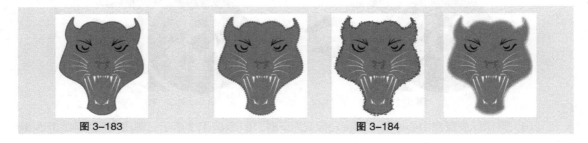

图 3-183　　　　　　　　　　　　　图 3-184

3.3.3　颜料桶工具

打开文件，如图 3-185 所示。选择"颜料桶"工具 ，在其"属性"面板中将"填充颜色"设为黄色（#FDD200），如图 3-186 所示。在线框内单击鼠标，线框内被填充颜色，如图 3-187 所示。

在工具箱的下方系统设置了 4 种填充模式可供选择，如图 3-188 所示。

图 3-185　　　　　　图 3-186　　　　　　图 3-187　　　　　　图 3-188

"不封闭空隙"模式：选择此模式时，只有在完全封闭的区域，颜色才能被填充。

"封闭小空隙"模式：选择此模式时，当边线上存在小空隙时，允许填充颜色。

"封闭中等空隙"模式：选择此模式时，当边线上存在中等空隙时，允许填充颜色。

"封闭大空隙"模式：选择此模式时，当边线上存在大空隙时，允许填充颜色。当选择此模式时，如果空隙是小空隙或是中等空隙，也都可以填充颜色。

根据线框空隙的大小，应用不同的模式进行填充，效果如图 3-189 所示。

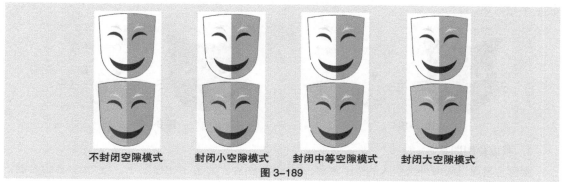

不封闭空隙模式　　　封闭小空隙模式　　　封闭中等空隙模式　　　封闭大空隙模式

图 3-189

"锁定填充"按钮：可以对填充颜色进行锁定，锁定后填充颜色不能被更改。

没有选择此按钮时，填充颜色可以根据需要进行变更，如图 3-190 所示。

选择此按钮时，鼠标放置在填充颜色上，光标变为，填充颜色被锁定，不能随意变更，如图 3-191所示。

图 3-190　　　　　　　　　　　　　　　　　　图 3-191

3.3.4　滴管工具

使用滴管工具可以吸取矢量图形的线型和色彩，然后利用颜料桶工具，快速修改其他矢量图形内部的填充色。利用墨水瓶工具，可以快速修改其他矢量图形的边框颜色及线型。

1．吸取填充色

选择"滴管"工具，将光标放在左边图形的填充色上，光标变为，在填充色上单击鼠标，吸取填充色样本，如图 3-192 所示。

单击后，光标变为，表示填充色被锁定。在工具箱的下方，取消对"锁定填充"按钮的选取，光标变为，在右边图形的填充色上单击鼠标，图形的颜色被修改，如图 3-193 所示。

图 3-192　　　　　　　　　　　　　　　　　图 3-193

2．吸取边框属性

选择"滴管"工具，将鼠标放在左边图形的外边框上，光标变为，在外边框上单击鼠标，吸取边框样本，如图 3-194 所示。单击后，光标变为 ，在右边图形的外边框上单击鼠标，添加边线，如图 3-195 所示。

图 3-194　　　　　　　　　　　　　　　图 3-195

3．吸取位图图案

滴管工具可以吸取外部引入的位图图案。导入 07 图片，如图 3-196 所示。按 Ctrl+B 组合键，将其打散。绘制一个圆形图形，如图 3-197 所示。

选择"滴管"工具 <img>，将鼠标放在位图上，光标变为 <img>，单击鼠标，吸取图案样本，如图 3-198 所示。单击后，光标变为 <img>，在圆形图形上单击鼠标，图案被填充，如图 3-199 所示。

图 3-196　　　　　　图 3-197　　　　　　图 3-198　　　　　　图 3-199

选择"渐变变形"工具 <img>，单击被填充图案样本的椭圆形，出现控制点，如图 3-200 所示。按住 Shift 键，将左下方的控制点向中心拖曳，如图 3-201 所示。填充图案变小，如图 3-202 所示。

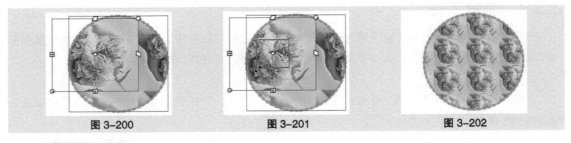

图 3-200　　　　　　　图 3-201　　　　　　　图 3-202

4．吸取文字颜色

滴管工具可以吸取文字的颜色。选择要修改的目标文字，如图 3-203 所示。选择"滴管"工具 <img>，将鼠标放在源文字上，光标变为 <img>，如图 3-204 所示。在源文字上单击鼠标，源文字的文字属性被应用到了目标文字上，如图 3-205 所示。

图 3-203　　　　　　　　图 3-204　　　　　　　　图 3-205

3.3.5　橡皮擦工具

选择"橡皮擦"工具 <img>，在图形上想要删除的地方按下鼠标并拖动鼠标，图形被擦除，如图 3-206

所示。在工具箱下方的"橡皮擦形状"按钮 ■ 的下拉菜单中，可以选择橡皮擦的形状与大小。

系统在工具箱的下方设置了 5 种擦除模式可供选择，以得到特殊的擦除效果，如图 3-207 所示。

图 3-206　　　　　　　　　　　　　　　　　　　　图 3-207

"标准擦除"模式：擦除同一层的线条和填充。选择此模式擦除图形的前后对照效果如图 3-208 所示。

"擦除填色"模式：仅擦除填充区域，其他部分（如边框线）不受影响。选择此模式擦除图形的前后对照效果如图 3-209 所示。

图 3-208　　　　　　　　　　　　　　图 3-209

"擦除线条"模式：仅擦除图形的线条部分，而不影响其填充部分。选择此模式擦除图形的前后对照效果如图 3-210 所示。

"擦除所选填充"模式：仅擦除已经选择的填充部分，而不影响其他未被选择的部分。（如果场景中没有任何填充被选择，那么擦除命令无效。）选择此模式擦除图形的前后对照效果如图 3-211 所示。

图 3-210　　　　　　　　　　　　　　图 3-211

"内部擦除"模式：仅擦除起点所在的填充区域部分，而不影响线条填充区域外的部分。选择此模式擦除图形的前后对照效果如图 3-212 所示。

图 3-212

要想快速删除舞台上的所有对象，双击"橡皮擦"工具 ![橡皮擦图标] 即可。

要想删除矢量图形上的线段或填充区域，可以选择"橡皮擦"工具 ![橡皮擦图标]，再选中工具箱中的"水龙头"按钮 ![水龙头图标]，然后单击舞台上想要删除的线段或填充区域，如图 3-213 和图 3-214 所示。

图 3-213　　　　　　　　　　　　　　　　图 3-214

> **提示：**因为导入的位图和文字不是矢量图形，不能擦除它们的部分或全部，所以，必须先选择"修改 > 分离"命令，将它们分离成矢量图形，才能使用橡皮擦工具擦除它们的部分或全部。

3.3.6　任意变形工具

在制作图形的过程中，可以应用任意变形工具来改变图形的大小及倾斜度。

导入图片，按 Ctrl+B 组合键，将其打散。选择"任意变形"工具 ![任意变形图标]，在图形的周围出现控制点，如图 3-215 所示。拖曳控制点改变图形的大小，如图 3-216 和图 3-217 所示。（按住 Shift 键，再拖曳控制点，可成比例地拖动图形。）

图 3-215　　　　　　　　图 3-216　　　　　　　　图 3-217

光标位于四个角的控制点上时变为 ↻，如图 3-218 所示。拖动鼠标旋转图形，如图 3-219 和图 3-220 所示。

图 3-218　　　　　　　　图 3-219　　　　　　　　图 3-220

系统在工具箱的下方设置了 4 种变形模式可供选择，如图 3-221 所示。

"旋转与倾斜" ![旋转与倾斜图标] 模式：选中图形，选择"旋转与倾斜"模式，将鼠标放在图形上方中间的控制点上，光标变为 ⇌；按住鼠标不放，向右水平拖曳控制点，如图 3-222 所示；松开鼠标，图形变为倾斜，如图 3-223 所示。

图 3-221　　　　　　　　　　图 3-222　　　　　　　　　　图 3-223

　　"缩放"<u>　</u>模式：选中图形，选择"缩放"模式，将鼠标放在图形右上方的控制点上，光标变为<u>　</u>；按住鼠标不放，向左下方拖曳控制点，如图 3-224 所示；松开鼠标，图形变小，如图 3-225 所示。

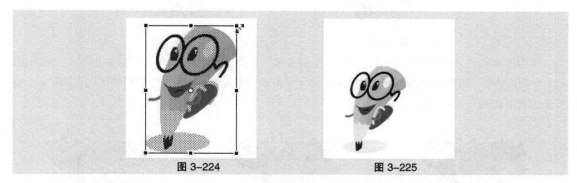

图 3-224　　　　　　　　　　　　　　　图 3-225

　　"扭曲"<u>　</u>模式：选中图形，选择"扭曲"模式，将鼠标放在图形右上方的控制点上，光标变为 ▷；按住鼠标不放，向左下方拖曳控制点，如图 3-226 所示；松开鼠标，图形扭曲，如图 3-227 所示。

　　"封套"<u>　</u>模式：选中图形，选择"封套"模式，图形周围出现一些节点；通过调节这些节点来改变图形的形状，光标变为<u>　</u>；拖曳节点，如图 3-228 所示；松开鼠标，图形扭曲，如图 3-229 所示。

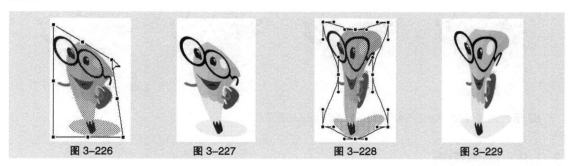

图 3-226　　　　　图 3-227　　　　　图 3-228　　　　　图 3-229

3.3.7　渐变变形工具

　　使用渐变变形工具可以改变选中图形中的填充渐变效果。当图形填充色为线性渐变色时，选择"渐变变形"工具<u>　</u>，用鼠标单击图形，出现 3 个控制点和 2 条平行线，如图 3-230 所示。向图形中间拖动方形控制点，渐变区域缩小，如图 3-231 所示。效果如图 3-232 所示。

图 3-230

图 3-231

图 3-232

将鼠标放置在旋转控制点上，光标变为 ↻；拖曳旋转控制点来改变渐变区域的角度，如图 3-233 所示。效果如图 3-234 所示。

图 3-233

图 3-234

当图形填充色为径向渐变色时，选择"渐变变形"工具 🔲，用鼠标单击图形，出现 4 个控制点 和 1 个圆形外框，如图 3-235 所示。向图形外侧水平拖动方形控制点，水平拉伸渐变区域，如图 3-236 所示。效果如图 3-237 所示。

图 3-235

图 3-236

图 3-237

将鼠标放置在圆形边框中间的圆形控制点上，光标变为 ⊙；向图形内部拖曳鼠标，缩小渐变 区域，如图 3-238 所示，效果如图 3-239 所示。将鼠标放置在圆形边框外侧的圆形控制点上，光 标变为 ↻，向上旋转拖动控制点，改变渐变区域的角度，如图 3-240 所示，效果如图 3-241 所示。

图 3-238

图 3-239

图 3-240

图 3-241

提 示： 通过移动中心控制点可以改变渐变区域的位置。

3.3.8 颜色面板

选择"窗口 > 颜色"命令，弹出"颜色"面板。

1. 自定义纯色

选择"颜色"面板，在"颜色类型"选项的下拉列表中选择"纯色"选项，面板效果如图 3-242 所示。

"笔触颜色"按钮 ▨▨：可以设定矢量线条的颜色。

"填充颜色"按钮 ▨▨：可以设定填充色的颜色。

"黑白"按钮▨：单击此按钮，线条与填充色恢复为系统默认的状态。

"无色"按钮▨：用于取消矢量线条或填充色块。当选择"椭圆"工具▨或"矩形"工具▨时，此按钮为可用状态。

"交换颜色"按钮▨：单击此按钮，可以将线条颜色和填充色相互切换。

"H、S、B"和"R、G、B"选项：可以用精确数值来设定颜色。

"Alpha"选项：用于设定颜色的不透明度，数值选取范围为0~100。

在面板下方的颜色选择区域内，可以根据需要选择相应的颜色。

2. 自定义线性渐变色

选择"颜色"面板，在"颜色类型"选项的下拉列表中选择"线性渐变"选项，面板效果如图3-243所示。将鼠标放置在滑动色带上，光标变为▨，如图3-244所示。在色带上单击鼠标增加颜色控制点，并在面板下方为新增加的控制点设定颜色及透明度，如图3-245所示。当要删除控制点时，只需将控制点向色带下方拖曳。

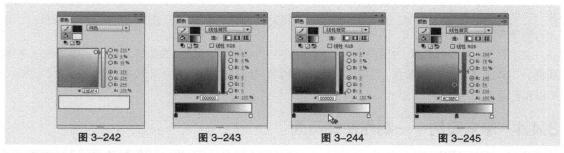

图 3-242　　　　图 3-243　　　　图 3-244　　　　图 3-245

3. 自定义径向渐变色

选择"颜色"面板，在"颜色类型"选项的下拉列表中选择"径向渐变"选项，面板效果如图3-246所示。用与定义线性渐变色相同的方法在色带上定义径向渐变色，定义完成后，在面板的左下方显示出定义的渐变色，如图3-247所示。

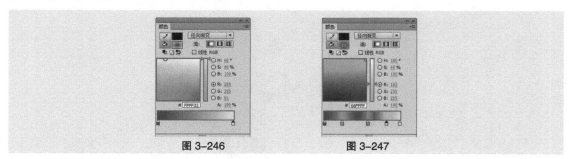

图 3-246　　　　　　　图 3-247

4. 自定义位图填充

选择"颜色"面板，在"颜色类型"选项的下拉列表中选择"位图填充"选项，如图3-248所示。弹出"导入到库"对话框，在对话框中选择要导入的图片，如图3-249所示。

单击"打开"按钮，图片被导入到"颜色"面板中，如图3-250所示。选择"椭圆"工具▨，在场景中绘制出一个椭圆形，椭圆被刚才导入的位图所填充，如图3-251所示。

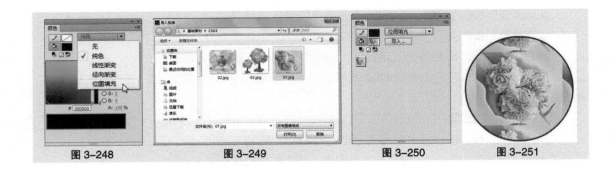

图 3-248 　　　　　 图 3-249 　　　　　 图 3-250 　　　　　 图 3-251

3.4 文本工具

　　建立动画时，常需要利用文字更清楚地表达创作者的意图，而建立和编辑文字必须利用 Flash CS6 提供的文本工具才能实现。从 Flash CS6 开始，添加了新文本引擎——文本布局框架（TLF），可以向 FLA 文件添加文本。TLF 可以支持更多丰富的文本布局功能和对文本属性的精细控制。TLF 文本可加强对文本的控制。

命令介绍

　　文本属性：Flash CS6 为用户提供了集合多种文字调整选项的属性面板，包括字体属性（字体系列、字体大小、样式、颜色、字符间距、自动字距微调和字符位置）和段落属性（对齐、边距、缩进和行距）。

3.4.1 课堂案例——制作散文页面

　　【案例学习目标】使用属性面板设置文字的属性。

　　【案例知识要点】使用"文字"工具，输入需要的文字；使用"属性"面板，设置文字的字体、大小、颜色、行距和字符属性，如图 3-252 所示。

扫码观看
本案例视频

扫码观看
扩展案例

图 3-252

（1）选择"文件 > 新建"命令，在弹出的"新建文档"对话框中，选择"常规"选项卡中的"ActionScript 3.0"选项，将"宽"选项设为 601，"高"选项设为 842，单击"确定"按钮，完成文档的创建。

（2）将"图层 1"重命名为"底图"，如图 3-253 所示。选择"文件 > 导入 > 导入到舞台"命令，在弹出的"导入"对话框中，选择素材 01 文件，单击"打开"按钮，文件被导入到舞台窗口中，如图 3-254 所示。

（3）单击"时间轴"面板下方的"新建图层"按钮，创建新图层并将其命名为"标题"。选择"文本"工具，选择"窗口 > 属性"命令，弹出文本工具"属性"面板，在"属性"面板中，将"系列"设为"华康海报体"，"大小"设为 30，"颜色"设为黑色（#231916），其他选项的设置，如图 3-255所示；在舞台窗口中输入需要的文字，如图 3-256 所示。

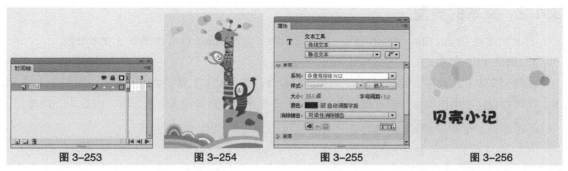

图 3-253　　　　　图 3-254　　　　　图 3-255　　　　　图 3-256

（4）在文本工具"属性"面板中，将"大小"设为 10，其他选项的设置，如图 3-257 所示；在舞台窗口中输入需要的文字，如图 3-258 所示。

图 3-257　　　　　　　　图 3-258

（5）单击"时间轴"面板下方的"新建图层"按钮，创建新图层并将其命名为"正文"。在文本工具"属性"面板中，将"系列"设为"华康娃娃体"，"大小"设为 16，其他选项的设置如图 3-259所示；在舞台窗口中输入需要的文字，如图 3-260 所示。选择"选择"工具，选中刚输入的黑色文字，如图 3-261 所示。

图 3-259　　　　　　图 3-260　　　　　　图 3-261

（6）在"属性"面板中进行设置，如图 3-262 所示，文字效果如图 3-263 所示。散文页面效果制作完成，按 Ctrl+Enter 组合键即可查看效果，如图 3-264 所示。

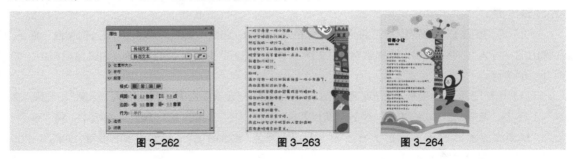

图 3-262   图 3-263   图 3-264

3.4.2　文本的类型

TLF 文本是 Flash CS6 中新添加的一种文本引擎，也是 Flash CS6 中的默认文本类型。

1．创建 TLF 文本

选择"文本"工具，选择"窗口 > 属性"命令，弹出文本工具"属性"面板，如图 3-265 所示。在舞台窗口中单击鼠标，插入点文本，如图 3-266 所示，直接输入文本即可，如图 3-267 所示。

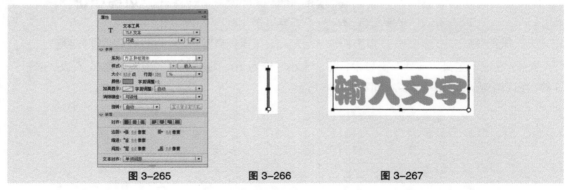

图 3-265   图 3-266   图 3-267

选择"文本"工具，在舞台窗口中单击并按住鼠标左键，向右拖曳出一个文本框，如图 3-268 所示，在文本框中输入文字，文字被限定在文本框中，如果输入的文字较多，文本将会挤在一起，如图 3-269 所示。将鼠标放置在文本框右边的小方框上，光标变为 ↔，如图 3-270 所示，单击左键并向右拖曳文本框到适当的位置，如图 3-271 所示，文字将全部显示，效果如图 3-272 所示。

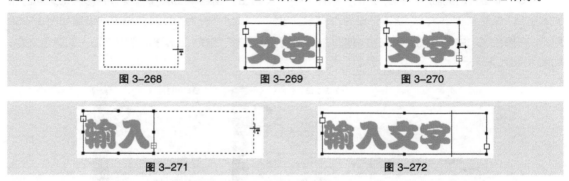

图 3-268   图 3-269   图 3-270

图 3-271   图 3-272

单击文本工具"属性"面板中的"可选"后的倒三角按钮，弹出 TFL 文本的 3 种类型，如图 3-273 所示。

只读：当作为 SWF 文件发布时，文本无法选中或编辑。

可选：当作为 SWF 文件发布时，文本可以选中并可复制到剪贴板中，但不可以编辑。对于 TLF 文本，此设置是默认设置。

可编辑：当作为 SWF 文件发布时，文本是可以选中和编辑的。

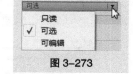

图 3-273

> **提 示：** 当使用 TLF 文本时，在"文本 > 字体"菜单中找不到"PostScript"字体。如果对 TLF 文本对象使用了某种"PostScript"字体，Flash 会将此字体替换为 _sans 设备字体。

TLF 文本要求在 FLA 文件的发布设置中指定 ActionScript 3.0、Flash Player 10 或更高版本。

在创作时，不能将 TLF 文本用作图层蒙版。要创建带有文本的遮罩层，请使用 ActionScript 3.0 创建遮罩层，或者为遮罩层使用传统文本。

2. 传统文本

选择文本工具，选择"窗口 > 属性"命令，弹出文本工具"属性"面板，如图 3-274 所示。

将鼠标放置在场景中，鼠标光标变为。在场景中单击鼠标，出现文本输入光标，如图 3-275 所示。直接输入文字即可，如图 3-276 所示。

用鼠标在场景中单击并按住鼠标，向右下角方向拖曳出一个文本框，如图 3-277 所示。松开鼠标，出现文本输入光标，如图 3-278 所示。在文本框中输入文字，文字被限定在文本框中，如果输入的文字较多，会自动转到下一行显示，如图 3-279 所示。

图 3-274

图 3-275　　　　　　图 3-276　　　　　　图 3-277

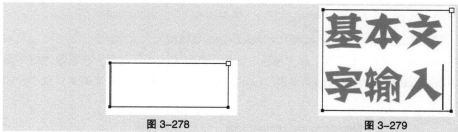

图 3-278　　　　　　图 3-279

用鼠标向左拖曳文本框上方的方形控制点，可以缩小文字的行宽，如图 3-280 所示。向右拖曳控制点可以扩大文字的行宽，如图 3-281 所示。

图 3-280　　　　　　图 3-281

双击文本框上方的方形控制点，如图 3-282 所示，文字将转换成单行显示状态，方形控制点转换为圆形控制点，如图 3-283 所示。

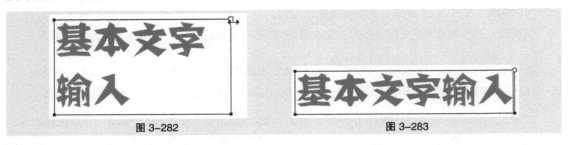

图 3-282   图 3-283

3.4.3 文本属性

下面以"传统文本"为例对各文字调整选项逐一介绍。文本属性面板如图 3-284 所示。

1. 设置文本的字体、字体大小、样式和颜色

"系列"选项：设定选定字符或整个文本块的文字字体。

选中文字，如图 3-285 所示，选择文本工具"属性"面板，在"字符"选项组中单击"系列"选项，在弹出的下拉列表中选择要转换的字体，如图 3-286 所示，单击鼠标，文字的字体被转换，效果如图 3-287 所示。

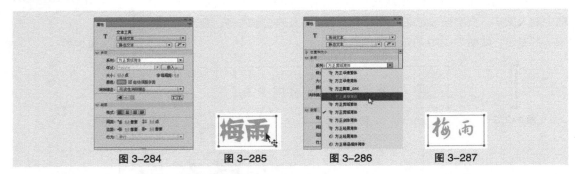

图 3-284   图 3-285   图 3-286   图 3-287

"大小"选项：设定选定字符或整个文本块的文字大小。选项值越大，文字越大。

选中文字，如图 3-288 所示，在文本工具"属性"面板中选择"大小"选项，在其数值框中输入设定的数值，或用鼠标拖曳其右侧的滑动条来进行设定，如图 3-289 所示，文字的字号变小，如图 3-290 所示。

图 3-288   图 3-289   图 3-290

"文本（填充）颜色"按钮▇▇▇：为选定字符或整个文本块的文字设定颜色。

选中文字，如图 3-291 所示，在文本工具"属性"面板中单击"颜色"按钮，弹出颜色面板，选择需要的颜色，如图 3-292 所示，为文字替换颜色，如图 3-293 所示。

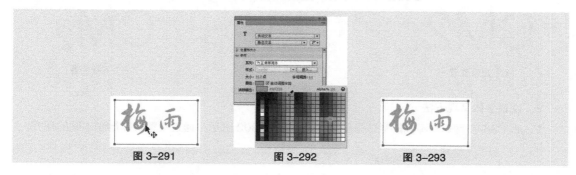

图 3-291   图 3-292   图 3-293

提示： 文字只能使用纯色，不能使用渐变色。要想为文本应用渐变色，必须将该文本转换为组成它的线条和填充。

"改变文本方向"按钮 ：在其下拉列表中选择需要的选项可以改变文字的排列方向。

选中文字，如图 3-294 所示，单击"改变文本方向"按钮，在其下拉列表中选择"垂直"命令，如图 3-295 所示，文字将从右向左排列，效果如图 3-296 所示。如果在其下拉列表中选择"垂直，从左向右"命令，如图 3-297 所示，文字将从左向右排列，效果如图 3-298 所示。

图 3-294 图 3-295 图 3-296 图 3-297 图 3-298

"字母间距"选项 ：通过设置需要的数值，控制字符之间的相对位置。

设置不同的文字间距，文字的效果如图 3-299 所示。

（a）间距为 0 时的效果 （b）缩小间距后的效果 （c）扩大间距后的效果

图 3-299

"上标"按钮 T^1：可将水平文本放在基线之上，或将垂直文本放在基线的右边。

"下标"按钮 T_1：可将水平文本放在基线之下，或将垂直文本放在基线的左边。

选中要设置字符位置的文字，单击"上标"按钮，文字在基线以上，如图 3-300 所示。

图 3-300

设置不同字符位置，文字的效果如图 3-301 所示。

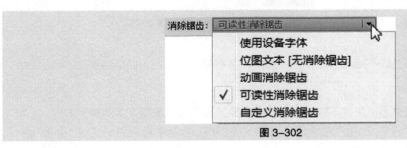

（a）正常位置　　　　　　　　　（b）上标位置　　　　　　　　　（c）下标位置

图 3-301

2. 设置字体呈现方法

Flash CS6 中有 5 种不同的字体呈现选项，如图 3-302 所示。通过设置可以得到不同的样式。

消除锯齿：	可读性消除锯齿	▾
	使用设备字体	
	位图文本 [无消除锯齿]	
	动画消除锯齿	
✓	可读性消除锯齿	
	自定义消除锯齿	

图 3-302

"使用设备字体"：此选项生成一个较小的 SWF 文件。此选项使用最终用户计算机上当前安装的字体来呈现文本。

"位图文本（无消除锯齿）"：此选项生成明显的文本边缘，没有消除锯齿。因为此选项生成的 SWF 文件中包含字体轮廓，所以生成一个较大的 SWF 文件。

"动画消除锯齿"：此选项生成可顺畅进行动画播放的消除锯齿文本。因为在文本动画播放时没有应用对齐和消除锯齿，所以在某些情况下，文本动画还可以更快地播放。在使用带有许多字母的大字体或缩放字体时，可能看不到性能上的提高。因为此选项生成的 SWF 文件中包含字体轮廓，所以生成一个较大的 SWF 文件。

"可读性消除锯齿"：此选项使用高级消除锯齿引擎。此选项提供了品质最高的文本，具有最易读的文本。因为此选项生成的文件中包含字体轮廓，以及特定的消除锯齿信息，所以生成最大的 SWF 文件。

"自定义消除锯齿"：此选项与"可读性消除锯齿"选项相同，但是可以直观地操作消除锯齿参数，以生成特定外观。此选项在为新字体或不常见的字体生成最佳的外观方面非常有用。

3. 设置字符与段落

文本排列方式按钮可以将文字以不同的形式进行排列。

"左对齐"按钮▤：将文字与文本框的左边线进行对齐。

"居中对齐"按钮▤：将文字与文本框的中线进行对齐。

"右对齐"按钮▤：将文字与文本框的右边线进行对齐。

"两端对齐"按钮▤：将文字与文本框的两端进行对齐。

在舞台窗口输入一段文字，选择不同的排列方式，文字排列的效果如图 3-303 所示。

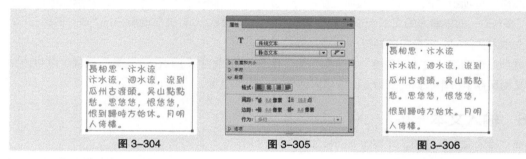

（a）左对齐　　　　　（b）居中对齐　　　　　（c）右对齐　　　　　（d）两端对齐

图 3-303

"缩进"选项 📝：用于调整文本段落的首行缩进。

"行距"选项 📝：用于调整文本段落的行距。

"左边距"选项 📝：用于调整文本段落的左侧间隙。

"右边距"选项 📝：用于调整文本段落的右侧间隙。

选中文本段落，如图 3-304 所示，在"段落"选项中进行设置，如图 3-305 所示，文本段落的格式发生改变，如图 3-306 所示。

图 3-304　　　　　　　　　　图 3-305　　　　　　　　　　图 3-306

4. 设置文本超链接

"链接"选项：可以在选项的文本框中直接输入网址，使当前文字成为超级链接文字。

"目标"选项：可以设置超级链接的打开方式，共有 4 种方式可以选择。

"_blank"：链接页面在新开的浏览器中打开。

"_parent"：链接页面在父框架中打开。

"_self"：链接页面在当前框架中打开。

"_top"：链接页面在默认的顶部框架中打开。

选中文字，如图 3-307 所示，选择文本工具"属性"面板，在"链接"选项的文本框中输入链接的网址，如图 3-308 所示，在"目标"选项中设置好打开方式，设置完成后文字的下方出现下划线，表示已经链接，如图 3-309 所示。

图 3-307　　　　　　　　　　图 3-308　　　　　　　　　　图 3-309

3.4.4　静态文本

选择"静态文本"选项，"属性"面板如图 3-310 所示。"可选"按钮 ▦：选择此项，当文件输出为 SWF 格式时，可以对影片中的文字进行选取、复制操作。

3.4.5　动态文本

选择"动态文本"选项，"属性"面板如图 3-311 所示。动态文本可以作为对象来应用。

在"字符"选项组中，"实例名称"选项 ▦：可以设置动态文本的名称；"将文本呈现为 HTML"选项 ◆▶：文本支持 HTML 标签特有的字体格式、超级链接等超文本格式；"在文本周围显示边框"选项 ▣：可以为文本设置白色的背景和黑色的边框。

"段落"选项组中的"行为"选项包括单行、多行和多行不换行。"单行"：文本以单行方式显示；"多行"：如果输入的文本大于设置的文本限制，输入的文本将被自动换行；"多行不换行"：输入的文本为多行时，不会自动换行。

"选项"选项组（位于"段落"选项组下方，图 3-311 未显示）中的"变量"选项可以将该文本框定义为保存字符串数据的变量。此选项需结合动作脚本使用。

3.4.6　输入文本

选择"输入文本"选项，"属性"面板如图 3-312 所示。

"段落"选项组中的"行为"选项新增加了"密码"选项，选择此选项，当文件输出为 SWF 格式时，影片中的文字将显示为星号 ****。

"选项"选项组中的"最大字符数"选项，可以设置输入文字的最多数值。默认值为 0，即为不限制。如设置数值，此数值即为输出 SWF 影片时，显示文字的最多数目。

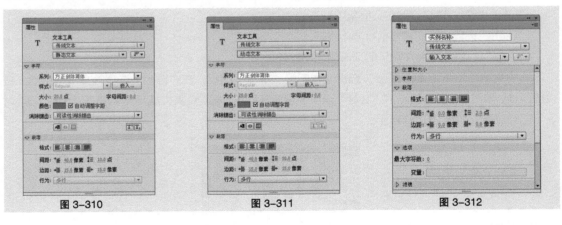

图 3-310　　　　　　　　　　图 3-311　　　　　　　　　　图 3-312

3.5 课堂练习——绘制美食 App 图标

【练习知识要点】使用"矩形"工具和"颜色"面板，制作背景效果；使用"基本矩形"工具和"矩形"工具，绘制图标，如图 3-313 所示。

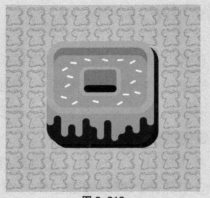

扫码观看
本案例视频

图 3-313

3.6 课后习题——绘制迷你太空

【习题知识要点】使用"钢笔"工具，绘制火箭轮廓；使用"颜料桶"工具，填充颜色；使用"任意变形"工具旋转图形；使用"多角星形"工具，绘制五角星；使用"椭圆"工具，绘制圆形装饰图形，如图 3-314 所示。

扫码观看
本案例视频

图 3-314

04

第 4 章
对象与元件

▶ **本章介绍**

使用工具栏中的工具创建的向量图形相对来说比较单调，如果能结合修改菜单命令修改图形，就可以改变原图形的形状、线条等，并且可以将多个图形组合起来，达到所需要的图形效果。

在 Flash CS6 中，元件起着举足轻重的作用。通过重复应用元件，可以提高工作效率、减少文件量。

本章将详细介绍 Flash CS6 编辑、修饰对象的功能及元件的创建、编辑、应用，以及库面板的使用方法。通过对本章的学习，读者可以掌握编辑和修饰对象的各种方法和技巧，了解并掌握如何应用元件的相互嵌套及重复应用来制作出变化无穷的动画效果。

学习目标

- 掌握对象的变形方法和技巧
- 掌握对象的修饰方法
- 掌握对象的对齐方法及技巧
- 掌握元件的创建方法及类别

技能目标

- 掌握"指南针图标"的绘制方法和技巧
- 掌握"飞机插画"的绘制方法和技巧
- 掌握"折扣吊签"的绘制方法和技巧
- 掌握"小鸟卡片"的制作方法和技巧

慕课视频

对象与元件

4.1 对象的变形

应用变形命令可以对选择的对象进行变形修改,如扭曲、缩放、倾斜、旋转和封套等,还可以根据需要对对象进行组合、分离、叠放、对齐等一系列操作,从而达到制作的要求。

命令介绍

缩放对象:可以对对象进行放大或缩小的操作。

旋转与倾斜对象:可以对对象进行旋转或倾斜的操作。

翻转对象:可以对对象进行水平或垂直翻转。

组合对象:制作复杂图形时,可以将多个图形组合成一个整体,以便选择和修改。另外,制作位移动画时,需用"组合"命令将图形转变成组件。

4.1.1 课堂案例——绘制指南针图标

【案例学习目标】使用不同的变形命令编辑图形。

【案例知识要点】使用"椭圆"工具、"任意变换"工具和"矩形"工具,绘制表盘图形;使用"多角星形"工具、"垂直翻转"命令,制作指针图形;使用"对齐"命令,将对象居中对齐,效果如图4-1所示。

扫码观看
本案例视频

扫码观看
扩展案例

图4-1

1. 绘制刻度盘

(1)选择"文件 > 新建"命令,在弹出的"新建文档"对话框中,选择"常规"选项卡中的"ActionScript 3.0"选项,将"宽"选项设为550,"高"选项设为400,单击"确定"按钮,完成文档的创建。

(2)将"图层1"重命名为"圆形",如图4-2所示。选择"椭圆"工具◯,在工具箱中将"笔触颜色"设为无,"填充颜色"设为黑色(#231916),单击工具箱下方的"对象绘制"按钮◯,按住Shift键的同时,在舞台窗口中绘制1个圆形,效果如图4-3所示。

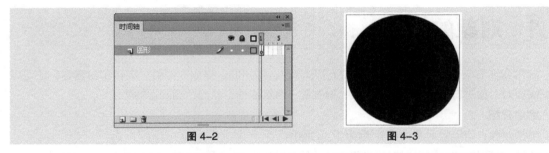

图 4-2   图 4-3

（3）按 Ctrl+C 组合键，将其复制。按 Ctrl+Shift+V 组合键，将复制的图形原位粘贴。选择"任意变形"工具，在图形的周围出现控制框，如图 4-4 所示。将鼠标放置在右上方的控制点上，光标变为时，按住 Alt+Shift 组合键的同时，向左下方拖曳鼠标到适当的位置，如图 4-5 所示，松开鼠标缩放图形。在工具箱中将"填充颜色"设为白色，效果如图 4-6 所示。

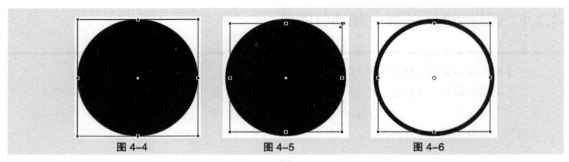

图 4-4   图 4-5   图 4-6

（4）按 Ctrl+Shift+V 组合键，将复制的图形原位粘贴。选择"任意变形"工具，在图形的周围出现控制框。将鼠标放置在右上方的控制点上，光标变为时，按住 Alt+Shift 组合键的同时，向左下方拖曳鼠标到适当的位置，如图 4-7 所示，松开鼠标缩放图形。

（5）按 Ctrl+Shift+V 组合键，将复制的图形原位粘贴。选择"任意变形"工具，在图形的周围出现控制框。将鼠标放置在右上方的控制点上，光标变为时，按住 Alt+Shift 组合键的同时，向左下方拖曳鼠标到适当的位置，如图 4-8 所示，松开鼠标缩放图形。在工具箱中将"填充颜色"设为青色（#70C1E9），效果如图 4-9 所示。

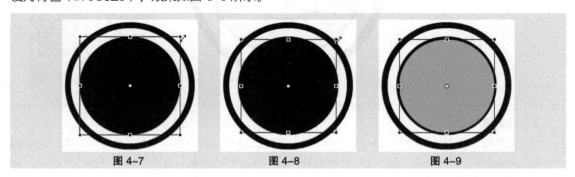

图 4-7   图 4-8   图 4-9

（6）按 Ctrl+C 组合键，复制青色圆形。在"时间轴"面板中创建新图层并将其命名为"内阴影"，如图 4-10 所示。按 Ctrl+Shift+V 组合键，将复制的圆形原位粘贴到"内阴影"图层中。在工具箱中将"填充颜色"设为深蓝色（#65ADD1），效果如图 4-11 所示。按 Ctrl+B 组合键，将图形打散，效果如图 4-12 所示。

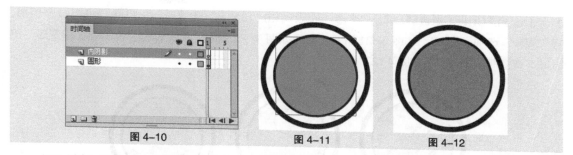

图 4-10　　　　　　　　　　　图 4-11　　　　　　　　　　图 4-12

（7）选择"选择"工具 ，选中图 4-13 所示的图形，按住 Alt 键的同时向下拖曳鼠标到适当的位置，复制图形，效果如图 4-14 所示。按 Delete 键，将复制的图形删除，效果如图 4-15 所示。

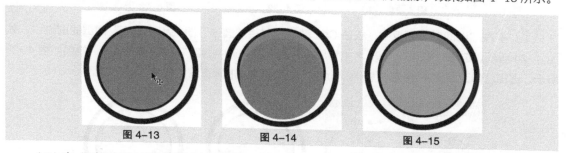

图 4-13　　　　　　　　　　　图 4-14　　　　　　　　　　图 4-15

（8）在"时间轴"面板中创建新图层并将其命名为"刻度"。选择"矩形"工具 ，在矩形工具"属性"面板中，将"笔触颜色"设为无，"填充颜色"设为深蓝色（#4186AE），在舞台窗口中绘制 1 个矩形，如图 4-16 所示。

（9）选择"选择"工具 ，选中图 4-17 所示的图形，按住 Alt 键的同时向下拖曳鼠标到适当的位置，复制图形，效果如图 4-18 所示。

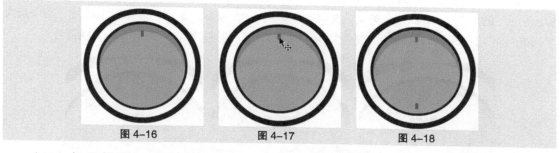

图 4-16　　　　　　　　　　　图 4-17　　　　　　　　　　图 4-18

（10）在"时间轴"面板中单击"刻度"图层，将该层中的对象全部选中，如图 4-19 所示。按 Ctrl+G 组合键，将选中的对象编组，效果如图 4-20 所示。

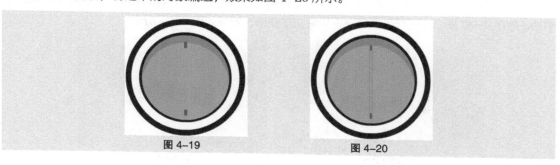

图 4-19　　　　　　　　　　　　图 4-20

（11）按 Ctrl+T 组合键，弹出"变形"面板，单击"重制选区和变形"按钮 ，复制出 1 个图形，将"旋转"选项设为 45，如图 4-21 所示，效果如图 4-22 所示。再次单击"重制选区和变形"按钮 2 次复制图形，效果如图 4-23 所示。

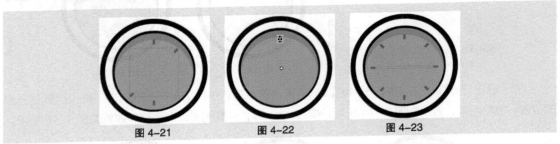

图 4-21   图 4-22   图 4-23

（12）在"时间轴"面板中，按住 Ctrl 键的同时将"圆形"图层和"刻度"图层同时选中，如图 4-24 所示。选择"修改 > 对齐 > 水平居中"命令，将选中的图形水平居中对齐，效果如图 4-25 所示。选择"修改 > 对齐 > 垂直居中"命令，将选中的图形垂直居中对齐，效果如图 4-26 所示。

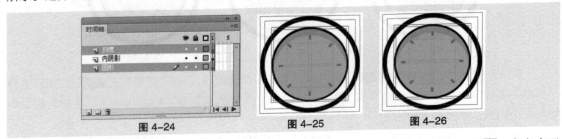

图 4-24   图 4-25   图 4-26

（13）在"时间轴"面板中创建新图层并将其命名为"文字"。选择"文本"工具 ，在文本工具"属性"面板中进行设置，在舞台窗口中适当的位置输入大小为 12、字体为"Conventional Wisdom"的黑色（#231916）英文，文字效果如图 4-27 所示。选择"选择"工具 ，选中英文"compass"，如图 4-28 所示，按两次 Ctrl+B 组合键，将其打散，效果如图 4-29 所示。

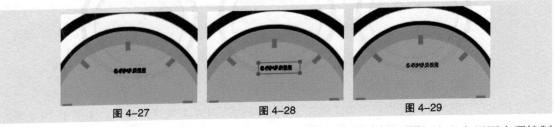

图 4-27   图 4-28   图 4-29

（14）选择"任意变形"工具 ，选中工具箱下方的"封套"按钮 ，在文字周围出现控制手柄，如图 4-30 所示，调整各个控制手柄将文字变形，效果如图 4-31 所示。

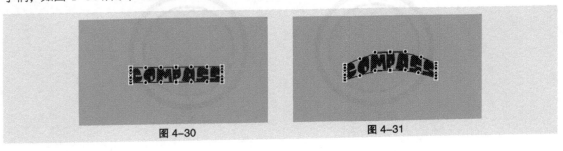

图 4-30   图 4-31

2. 绘制指针

（1）在"时间轴"面板中创建新图层并将其命名为"指针"。选择"多角星形"工具，在多角星形工具"属性"面板中，单击"工具设置"选项组中的"选项"按钮，弹出"工具设置"对话框，将"边数"选项设为3，其他选项设置如图4-32所示，单击"确定"按钮，完成设置，将"填充颜色"设为红色（#EA5F61），"笔触颜色"设为黑色（#231916），其他选项的设置如图4-33所示，在舞台窗口中绘制1个三角形，效果如图4-34所示。

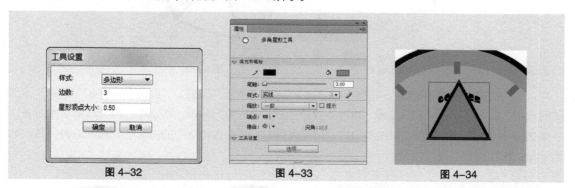

图 4-32　　　　　　　　　　图 4-33　　　　　　　　　　图 4-34

（2）选择"任意变形"工具，选中工具箱下方的"封套"按钮，在文字周围出现控制手柄，如图4-35所示，调整各个控制手柄将文字变形，效果如图4-36所示。选中工具箱下方的"缩放"按钮，将中心点移动到如图4-37所示的位置。

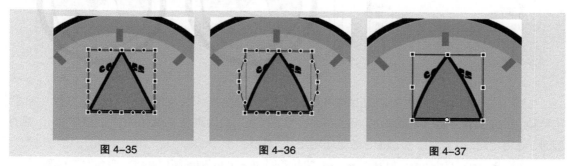

图 4-35　　　　　　　　　　图 4-36　　　　　　　　　　图 4-37

（3）按Ctrl+T组合键，弹出"变形"面板，单击"重制选区和变形"按钮，复制出1个图形，选择"修改 > 变形 > 垂直翻转"，将选中的图形垂直翻转，效果如图4-38所示。在工具箱中将"填充颜色"设为白色，效果如图4-39所示。

（4）在"时间轴"面板中单击"指针"图层，将该层中的对象全部选中，按Ctrl+G组合键，将选中的对象编组，效果如图4-40所示。

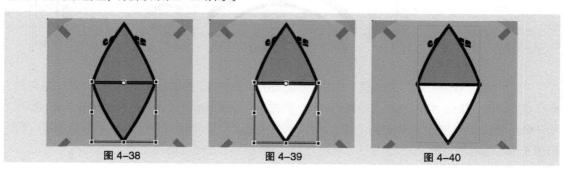

图 4-38　　　　　　　　　　图 4-39　　　　　　　　　　图 4-40

（5）在"变形"面板中，将"旋转"选项设为 45，如图 4-41 所示，效果如图 4-42 所示。

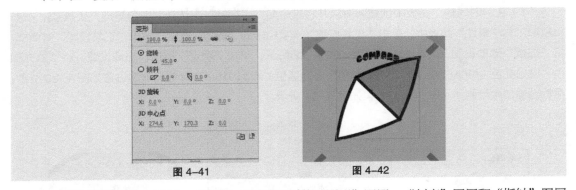

图 4-41　　　　　　　　　　　　　　　　图 4-42

（6）在"时间轴"面板中，按住 Ctrl 键的同时将"圆形"图层、"刻度"图层和"指针"图层同时选中，如图 4-43 所示。选择"修改 > 对齐 > 水平居中"命令，将选中的图形水平居中对齐，效果如图 4-44 所示。选择"修改 > 对齐 > 垂直居中"命令，将选中的图形垂直居中对齐，效果如图 4-45 所示。

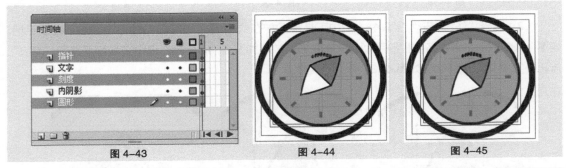

图 4-43　　　　　　　　　图 4-44　　　　　　　　　图 4-45

（7）在"时间轴"面板中创建新图层并将其命名为"黑色圆形"，如图 4-46 所示。选择"椭圆"工具 ，在工具箱中将"笔触颜色"设为无，"填充颜色"设为黑色（#231916），按住 Shift 键的同时，在舞台窗口中绘制 1 个圆形，效果如图 4-47 所示。

（8）按 Ctrl+C 组合键，复制图形。在"时间轴"面板中创建新图层并将其命名为"圆形 2"，如图 4-48 所示。按 Ctrl+Shift+V 组合键，将复制的图形原位粘贴到"圆形 2"图层中。

图 4-46　　　　　　　　　图 4-47　　　　　　　　　图 4-48

（9）选择"任意变形"工具 ，在图形的周围出现控制框。将鼠标放置在右上方的控制点上，光标变为 时，按住 Alt+Shift 组合键的同时，向左下方拖曳鼠标到适当的位置，如图 4-49 所示，松开鼠标缩放图形。在工具箱中将"填充颜色"设为白色，效果如图 4-50 所示。用相同的方法制作出图 4-51 所示的效果。

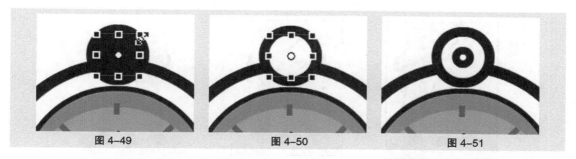

图 4-49　　　　　　　　　　图 4-50　　　　　　　　　　图 4-51

（10）在"时间轴"面板中，将"黑色圆形"图层拖曳到"圆形"图层的下方，如图 4-52 所示，效果如图 4-53 所示。指南针效果绘制完成，按 Ctrl+Enter 组合键即可查看效果，如图 4-54 所示。

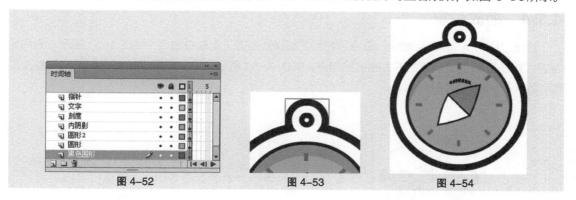

图 4-52　　　　　　　　　　图 4-53　　　　　　　　　　图 4-54

4.1.2　扭曲对象

选择"修改 > 变形 > 扭曲"命令，在当前选择的图形上出现控制点，如图 4-55 所示。光标变为，拖曳右上方控制点，如图 4-56 所示，拖曳四角的控制点可以改变图形顶点的形状，效果如图 4-57 所示。

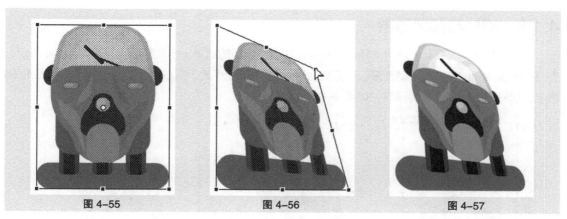

图 4-55　　　　　　　　　　图 4-56　　　　　　　　　　图 4-57

4.1.3　封套对象

选择"修改 > 变形 > 封套"命令，在当前选择的图形上出现控制点，如图 4-58 所示。光标变为，用鼠标拖曳控制点，如图 4-59 所示，使图形产生相应的弯曲变化，效果如图 4-60 所示。

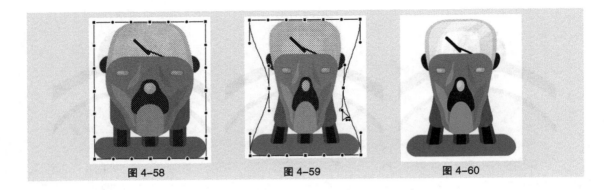

图 4-58　　　　　　　　　　图 4-59　　　　　　　　　　图 4-60

4.1.4　缩放对象

选择"修改 > 变形 > 缩放"命令，在当前选择的图形上出现控制点，如图 4-61 所示。光标变为 ↘，按住鼠标不放，向左下方拖曳控制点，如图 4-62 所示。用鼠标拖曳控制点可成比例地改变图形的大小，效果如图 4-63 所示。

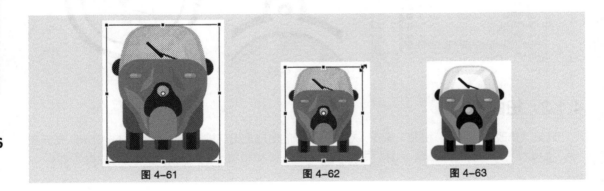

图 4-61　　　　　　　　　　图 4-62　　　　　　　　　　图 4-63

4.1.5　旋转与倾斜对象

选择"修改 > 变形 > 旋转与倾斜"命令，在当前选择的图形上出现控制点，如图 4-64 所示。用鼠标拖曳中间的控制点倾斜图形，光标变为 ⇌，按住鼠标不放，向右水平拖曳控制点，如图 4-65所示，松开鼠标，图形变为倾斜，如图 4-66 所示。

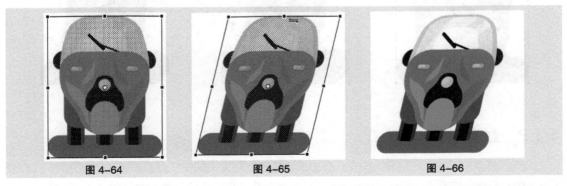

图 4-64　　　　　　　　　　图 4-65　　　　　　　　　　图 4-66

将光标放在右上角的控制点上时，光标变为 ↻，如图 4-67 所示。拖曳控制点旋转图形，如图 4-68

所示，旋转完成后效果如图 4-69 所示。

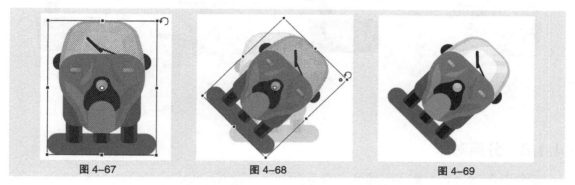

图 4-67　　　　　　　　　图 4-68　　　　　　　　　图 4-69

选择"修改 > 变形"中的"顺时针旋转 90°"和"逆时针旋转 90°"命令，可以将图形按照规定的度数进行旋转，效果如图 4-70 和图 4-71 所示。

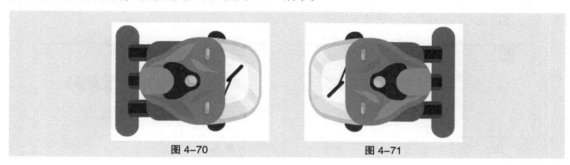

图 4-70　　　　　　　　　　　　　　图 4-71

4.1.6　翻转对象

选择"修改 > 变形"中的"垂直翻转"和"水平翻转"命令，可以将图形进行翻转，效果如图 4-72 和图 4-73 所示。

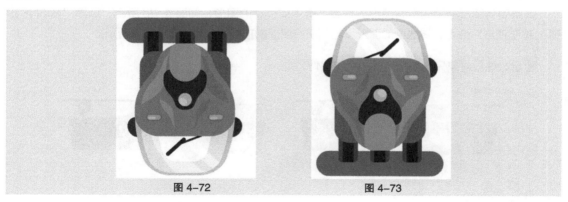

图 4-72　　　　　　　　　　　　　　图 4-73

4.1.7　组合对象

选中多个图形，如图 4-74 所示。选择"修改 > 组合"命令，或按 Ctrl+G 组合键，将选中的图形进行组合，如图 4-75 所示。

图 4-74   图 4-75

4.1.8　分离对象

要修改多个图形的组合，以及图像、文字或组件的一部分时，可以使用"修改 > 分离"命令。另外，制作变形动画时，需用 "分离"命令将图形的组合、图像、文字或组件转变成图形。

选中图形组合，如图 4-76 所示。选择"修改 > 分离"命令，或按 Ctrl+B 组合键，将组合的图形打散，多次使用"分离"命令的效果如图 4-77 所示。

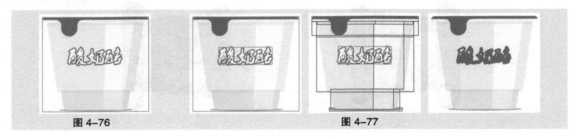

图 4-76   图 4-77

4.1.9　叠放对象

制作复杂图形时，多个图形的叠放次序不同，会产生不同的效果，可以通过"修改 > 排列"中的命令实现不同的叠放效果。

如果要将图形移动到所有图形的顶层，选中要移动的图形，如图 4-78 所示，选择"修改 > 排列 > 移至顶层"命令，将选中的图形移动到所有图形的顶层，效果如图 4-79 所示。

提示：叠放对象只能是图形的组合或组件。

图 4-78   图 4-79

4.1.10　对齐对象

当选择多个图形、图像的组合、组件时，可以通过"修改 > 对齐"中的命令调整它们的相对位置。

如果要将多个图形的顶部对齐，选中多个图形，如图 4-80 所示。选择"修改 > 对齐 > 顶对齐"命令，将所有图形的顶部对齐，效果如图 4-81 所示。

图 4-80 　　　　　　　　　　　　　　　　　　　　　　图 4-81

4.2 对象的修饰

在制作动画的过程中，可以应用 Flash CS6 自带的一些命令，对曲线进行优化，将线条转换为填充，对填充色进行修改或对填充边缘进行柔化处理。

命令介绍

优化曲线：可以将线条优化得较为平滑。

将线条转换为填充：可以将矢量线条转换为填充色块。

柔化填充边缘：可以将图形的边缘制作成柔化效果。

4.2.1 课堂案例——绘制飞机插画

【案例学习目标】使用不同的绘图工具绘制图形，使用形状命令编辑图形。

【案例知识要点】使用"柔化填充边缘"命令，制作太阳效果；使用"钢笔"工具，绘制白云形状，效果如图 4-82 所示。

扫码观看
本案例视频　　　扫码观看
扩展案例

图 4-82

（1）选择"文件 > 新建"命令，在弹出的"新建文档"对话框中，选择"常规"选项卡中的"ActionScript 3.0"选项，将"宽"选项和"高"选项均设为 594，"背景颜色"选项设为浅黄色（#FEE48F），单击"确定"按钮，完成文档的创建。

（2）将"图层 1"重新命名为"太阳"，如图 4-83 所示。选择"椭圆"工具 ，在工具箱中将"笔触颜色"设为无，"填充颜色"设为白色，单击工具箱下方的"对象绘制"按钮 ，按住 Shift 键的同时在舞台窗口中绘制 1 个圆形，效果如图 4-84 所示。

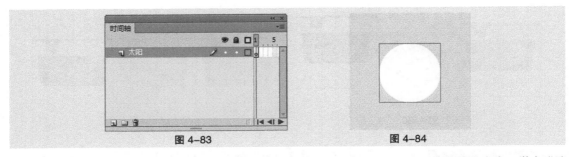

图 4-83   图 4-84

（3）选择"选择"工具 ，选中白色圆形。选择"修改 > 形状 > 柔化填充边缘"命令，弹出"柔化填充边缘"对话框，在对话框中进行设置，如图 4-85 所示，单击"确定"按钮，效果如图 4-86 所示。

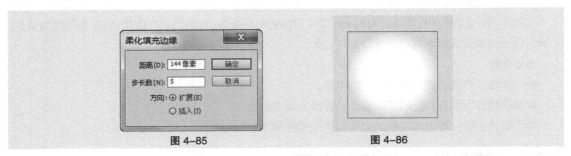

图 4-85   图 4-86

（4）在"时间轴"面板中创建新图层并将其命名为"跑道"。选择"文件 > 导入 > 导入到库"命令，在弹出的"导入到库"对话框中，选择素材 01、02 文件，单击"打开"按钮，文件被导入到"库"面板中，效果如图 4-87 所示。将"库"面板中的图形元件"02"拖曳到舞台窗口中适当的位置，效果如图 4-88 所示。

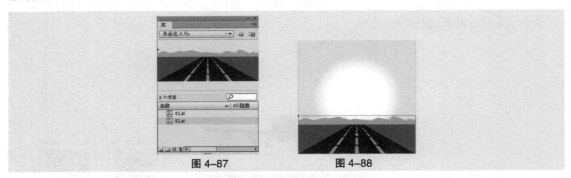

图 4-87   图 4-88

（5）在"时间轴"面板中创建新图层并将其命名为"飞机"，如图 4-89 所示。将"库"面板中的图形元件"01"拖曳到舞台窗口中适当的位置，效果如图 4-90 所示。

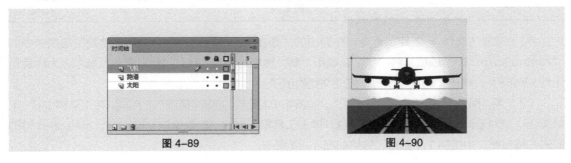

图 4-89   图 4-90

（6）在"时间轴"面板中创建新图层并将其命名为"白云"。选择"钢笔"工具 ，在钢笔工具"属性"面板中，将"笔触颜色"设为黑色，"笔触"选项设为1，在舞台窗口中绘制多个闭合边线，如图4-91所示。在"时间轴"面板中选中"白云"图层，将该层中的对象全部选中，如图4-92所示。在工具箱中将"填充颜色"设为白色，"笔触颜色"设为无，效果如图4-93所示。

图4-91　　　　　　　　　　图4-92　　　　　　　　　　图4-93

（7）选择"修改 > 形状 > 柔化填充边缘"命令，弹出"柔化填充边缘"对话框，在对话框中进行设置，如图4-94所示，单击"确定"按钮，效果如图4-95所示。飞机插画效果绘制完成，按Ctrl+Enter组合键即可查看。

图4-94　　　　　　　　　　　　　　　图4-95

4.2.2　优化曲线

选中要优化的线条，如图4-96所示。选择"修改 > 形状 > 优化"命令，弹出"优化曲线"对话框，进行设置后，如图4-97所示；单击"确定"按钮，弹出提示对话框，如图4-98所示；单击"确定"按钮，线条被优化，如图4-99所示。

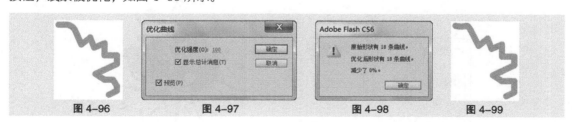

图4-96　　　　　　　　图4-97　　　　　　　　图4-98　　　　　　　　图4-99

4.2.3　将线条转换为填充

打开04文件，如图4-100所示，选择"墨水瓶"工具 ，为图形绘制外边线，效果如图4-101所示。

双击图形的外边线将其选中，选择"修改 > 形状 > 将线条转换为填充"命令，将外边线转换为填充色块，如图4-102所示。这时，可以选择"颜料桶"工具 ，为填充色块设置其他颜色，如图4-103所示。

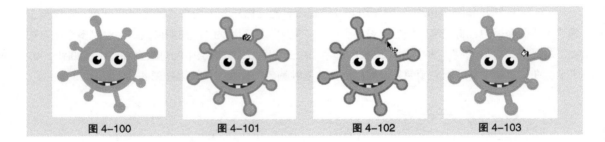

| 图 4-100 | 图 4-101 | 图 4-102 | 图 4-103 |

4.2.4　扩展填充

应用扩展填充命令可以将填充颜色向外扩展或向内收缩，扩展或收缩的数值可以自定义。

1. 扩展填充色

打开 05 文件并选中图形的填充颜色，如图 4-104 所示。选择"修改 > 形状 > 扩展填充"命令，弹出"扩展填充"对话框，在"距离"选项的数值框中输入 6 像素（取值范围为 0.05 ~ 144），单击"扩展"单选项，如图 4-105 所示。单击"确定"按钮，填充色向外扩展，效果如图 4-106 所示。

| 图 4-104 | 图 4-105 | 图 4-106 |

2. 收缩填充色

选中图形的填充颜色，选择"修改 > 形状 > 扩展填充"命令，弹出"扩展填充"对话框，在"距离"选项的数值框中输入 6 像素（取值范围为 0.05 ~ 144），单击"插入"单选项，如图 4-107 所示，单击"确定"按钮，填充色向内收缩，效果如图 4-108 所示。

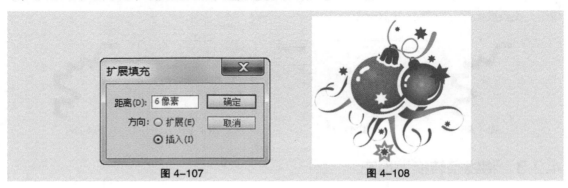

| 图 4-107 | 图 4-108 |

4.2.5　柔化填充边缘

1. 向外柔化填充边缘

选中图形，如图 4-109 所示，选择"修改 > 形状 > 柔化填充边缘"命令，弹出"柔化填充边缘"

对话框，在"距离"选项的数值框中输入60像素，在"步长数"选项的数值框中输入5，点选"扩展"选项，如图4-110所示；单击"确定"按钮，效果如图4-111所示。

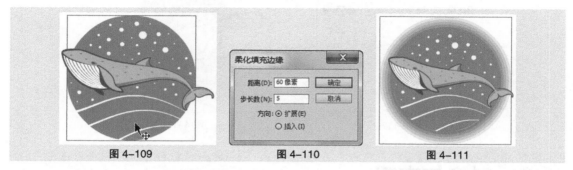

图4-109　　　　　　　　　　图4-110　　　　　　　　　　图4-111

　　在"柔化填充边缘"对话框中设置不同的数值，所产生的效果也各不相同。

　　选中图形，选择"修改 > 形状 > 柔化填充边缘"命令，弹出"柔化填充边缘"对话框，在"距离"选项的数值框中输入60像素，在"步长数"选项的数值框中输入30，点选"扩展"选项，如图4-112所示；单击"确定"按钮，效果如图4-113所示。

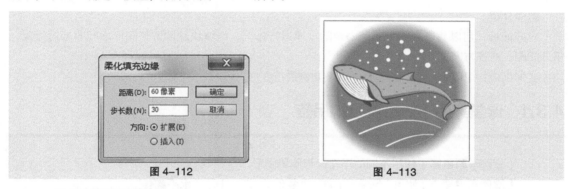

图4-112　　　　　　　　　　　　　　　图4-113

2. 向内柔化填充边缘

　　选中图形，如图4-114所示，选择"修改 > 形状 > 柔化填充边缘"命令，弹出"柔化填充边缘"对话框，在"距离"选项的数值框中输入60像素，在"步长数"选项的数值框中输入5，点选"插入"选项，如图4-115所示；单击"确定"按钮，效果如图4-116所示。

图4-114　　　　　　　　　　图4-115　　　　　　　　　　图4-116

　　选中图形，选择"修改 > 形状 > 柔化填充边缘"命令，弹出"柔化填充边缘"对话框，在"距离"选项的数值框中输入60像素，在"步长数"选项的数值框中输入30，点选"插入"选项，如图4-117所示；单击"确定"按钮，效果如图4-118所示。

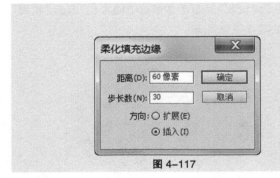

图 4-117

图 4-118

4.3 对齐与变形

可以应用对齐面板来设置多个对象之间的对齐方式，还可以应用变形面板来改变对象的大小以及倾斜度。

命令介绍

对齐面板：可以将多个图形按照一定的规律进行排列。能够快速地调整图形之间的相对位置、平分间距、对齐方向。

变形面板：可以将图形、组、文本以及实例进行变形。

4.3.1 课堂案例——绘制折扣吊签

【案例学习目标】使用不同的浮动面板编辑图形。

【案例知识要点】使用"钢笔"工具、"多角星形"工具、"水平翻转"命令，制作南瓜图形；使用"文本"工具，添加文字效果；使用"组合"命令，将图形组合；使用"变形"面板，改变图形的大小，如图 4-119 所示。

扫码观看
本案例视频 1

扫码观看
本案例视频 2

扫码观看
本案例视频 3

扫码观看
扩展案例

图 4-119

1. 导入素材并绘制南瓜图形

（1）选择"文件 > 新建"命令，弹出"新建文档"对话框，在"常规"选项卡中选择"ActionScript 3.0"选项，将"宽"选项设为 800，"高"选项设为 800，单击"确定"按钮，完成文档的创建。

（2）选择"文件 > 导入 > 导入到库"命令，在弹出的"导入"对话框当中，选择素材 01、02 文件，单击"打开"按钮，文件被导入"库"面板中，如图 4-120 所示。

（3）在"库"面板下方单击"新建元件"按钮 ，弹出"创建新元件"对话框，在"名称"选项的文本框中输入"南瓜"，在"类型"选项的下拉列表中选择"图形"选项，单击"确定"按钮，新建图形元件"南瓜"，如图 4-121 所示，舞台窗口也随之转换为图形元件的舞台窗口。

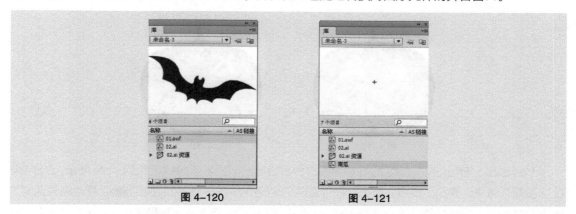

图 4-120   图 4-121

（4）将"图层 1"重新命名为"外形"。选择"钢笔"工具 ，在钢笔工具"属性"面板中将"笔触颜色"设为黑色，"笔触"选项设为 1，单击工具箱下方的"对象绘制"按钮 ，在舞台窗口中绘制一个闭合边线，效果如图 4-122 所示。

（5）选择"颜料桶"工具 ，在工具箱中将"填充颜色"设为深灰色（#263139），在边线内部单击鼠标，填充图形，如图 4-123 所示。选择"选择"工具 ，在边线上双击鼠标选中边线，按 Delete 键将其删除，效果如图 4-124 所示。

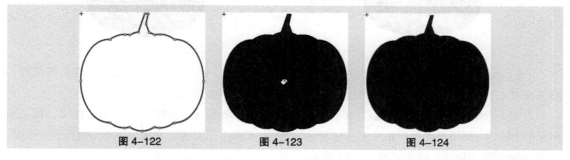

图 4-122   图 4-123   图 4-124

（6）在"时间轴"面板中创建新图层并将其命名为"五官"。选择"多角星形"工具 ，在多角星形"属性"面板中，将"笔触颜色"设为无，"填充颜色"设为橘黄色（#F18E1E），单击"工具设置"选项组中的"选项"按钮，弹出"工具设置"对话框，将"边数"选项设为 3，其他选项设置如图 4-125 所示，单击"确定"按钮，在图形的上方绘制 1 个三角形，效果如图 4-126 所示。

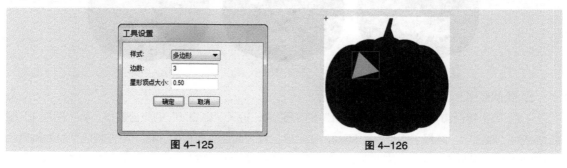

图 4-125   图 4-126

（7）选择"选择"工具 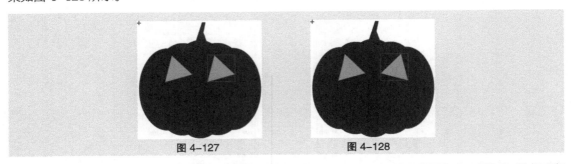，按住 Alt+Shift 组合键的同时，水平向右拖曳三角形到适当的位置，复制三角形，效果如图 4-127 所示。选择"修改 > 变形 > 水平翻转"命令，将三角形水平翻转，效果如图 4-128 所示。

图 4-127　　　　　　　　　　　图 4-128

（8）选择"多角星形"工具 ，在舞台窗口中再绘制一个三角形，效果如图 4-129 所示。选择"窗口 > 变形"命令，弹出"变形"面板，在"变形"面板中，单击"约束"按钮 ，将"缩放宽度"选项设为 80%，"缩放高度"选项保持不变，如图 4-130 所示，按 Enter 键确定操作，效果如图 4-131 所示。

图 4-129　　　　　　　　　　图 4-130　　　　　　　　　图 4-131

（9）选择"钢笔"工具 ，在钢笔工具"属性"面板中，将"笔触颜色"设为黑色，"笔触"选项设为 1，在舞台窗口中绘制一个闭合边线，效果如图 4-132 所示。

（10）选择"颜料桶"工具 ，在工具箱中将"填充颜色"设为橘黄色（#F18E1E），在边线内部单击鼠标左键填充图形，如图 4-133 所示。选择"选择"工具 ，在边线上双击鼠标选中边线，按 Delete 键将其删除，效果如图 4-134 所示。

图 4-132　　　　　　　　　　图 4-133　　　　　　　　　图 4-134

2．绘制底图

（1）单击舞台窗口左上方的"场景 1"图标 ，进入"场景 1"的舞台窗口。将"图层 1"重新命名为"底图"。选择"矩形"工具 ，在矩形工具"属性"面板中，将"填充颜色"设为橘黄色（#F18E1E），其他选项的设置如图 4-135 所示，在舞台窗口中绘制一个矩形，效果如图 4-136 所示。

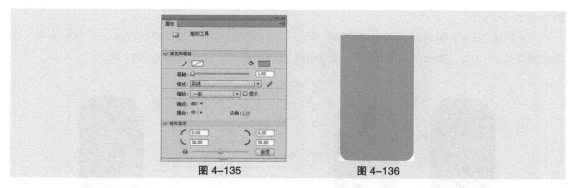

图 4-135　　　　　　　　　　　　　　图 4-136

（2）选择"部分选取"工具，在图形的外边线上单击，图形上出现多个节点，如图4-137所示。选择"添加锚点"工具，在需要的位置分别单击添加锚点，如图4-138所示。选择"部分选取"工具，按住Shift键的同时，将添加的锚点同时选取，连续按向上方向键，调整锚点到适当的位置，如图4-139所示。

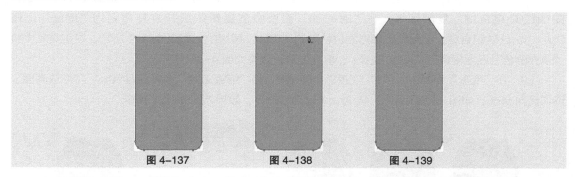

图 4-137　　　　　　　　　图 4-138　　　　　　　　　图 4-139

（3）选择"窗口＞颜色"命令，弹出"颜色"面板，单击"填充颜色"按钮，在"类型"选项的下拉列表中选择"线性渐变"，选中色带上左侧的色块，将其设为紫色（#8F4D95），选中色带上右侧的色块，将其设为深紫色（#662E8F），生成渐变色，如图4-140所示。

（4）选择"颜料桶"工具，在图形内部从下至上拖曳光标，如图4-141所示，松开鼠标填充渐变色，效果如图4-142所示。

（5）选择"选择"工具，在图形上选取需要的区域，在工具箱中将"填充颜色"设为深灰色（#263139），填充图形，效果如图4-143所示。

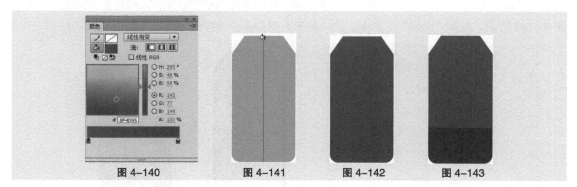

图 4-140　　　　　　　　图 4-141　　　　　　　图 4-142　　　　　　　图 4-143

（6）选择"选择"工具，将"库"面板中的图形元件"南瓜"拖曳到舞台窗口中的适当位置，效果如图4-144所示。按住Alt键的同时，向右下方拖曳图形到适当的位置，复制图形，效果如

图 4-145 所示。

（7）按 Ctrl+T 组合键，弹出"变形"面板，将"缩放宽度"选项设为 60%，"缩放高度"选项也随之变为 60%，如图 4-146 所示，按 Enter 键确定操作，效果如图 4-147 所示。

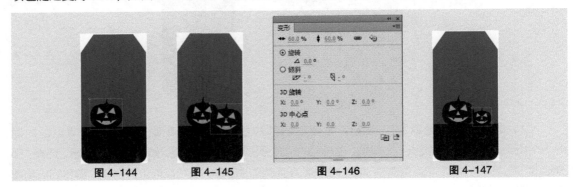

图 4-144　　　　图 4-145　　　　　　图 4-146　　　　　　　图 4-147

（8）选择"选择"工具 ，按住 Shift 键的同时，选取需要的图形，如图 4-148 所示，按 Ctrl+C 组合键，复制图形。在"时间轴"面板中创建新图层并将其命名为"虚线"。按 Ctrl+Shift+V 组合键，将复制的图形原位粘贴到"虚线"图层中，如图 4-149 所示。在工具箱中将"填充颜色"设为橘黄色（#F18E1E），填充图形，效果如图 4-150 所示。

（9）在"变形"面板中，单击"约束"按钮 ，将"缩放宽度"选项设为 90%，"缩放高度"选项设为 95%，如图 4-151 所示，按 Enter 键确定操作，效果如图 4-152 所示。

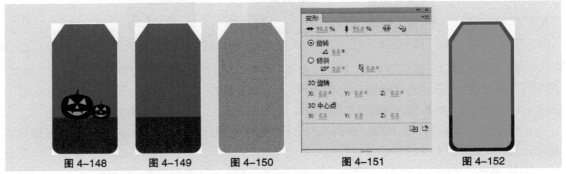

图 4-148　　　　图 4-149　　　　图 4-150　　　　　图 4-151　　　　　图 4-152

（10）选择"墨水瓶"工具 ，在墨水瓶工具"属性"面板中，将"笔触颜色"设为白色，其他选项的设置如图 4-153 所示，鼠标光标变为 ，在图形外侧单击鼠标，勾画出图形轮廓，效果如图 4-154 所示。选择"选择"工具 ，选中图形，按 Delete 键将其删除，效果如图 4-155 所示。

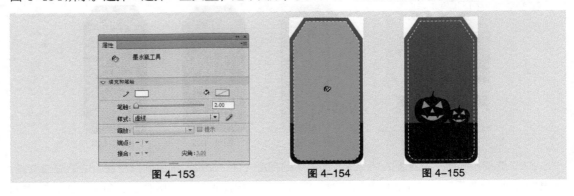

图 4-153　　　　　　　　图 4-154　　　　　　　图 4-155

3. 输入文字

（1）在"时间轴"面板中创建新图层并将其命名为"蝙蝠"。将"库"面板中的图形元件"01"拖曳到舞台窗口中的适当位置，效果如图4-156所示。

（2）在"时间轴"面板中创建新图层并将其命名为"文字"。选择"文本"工具 T，在文本工具"属性"面板中进行设置，在舞台窗口中适当的位置分别输入大小为70、34、60，字体为"Bebas"的白色文字，文字效果如图4-157所示。

（3）选择"选择"工具 ，选取需要的文字，在工具箱中将"填充颜色"设为橘黄色（#F18E1E），填充文字，效果如图4-158所示。

图4-156　　　　　　图4-157　　　　　　图4-158

（4）选择"选择"工具 ，按住Shift键的同时，将输入的文字同时选取，如图4-159所示。按Ctrl+K组合键，弹出"对齐"面板，单击"水平中齐"按钮 ，将选中的文字水平对齐，效果如图4-160所示。按Ctrl+G组合键，将选中的文字进行组合，如图4-161所示。

（5）按住Shift键的同时，单击下方图形并将文字同时选中，如图4-162所示。调出"对齐"面板，单击"水平中齐"按钮 ，将选中的文字和图形水平对齐，效果如图4-163所示。

图4-159　　　　图4-160　　　　图4-161　　　　图4-162　　　　图4-163

（6）在"时间轴"面板中创建新图层并将其命名为"圆孔"。选择"椭圆"工具 ，在椭圆工具"属性"面板中，将"填充颜色"设为白色，"笔触颜色"设为黑色，"笔触"选项设为5，按住Shift键的同时，在舞台窗口中绘制一个圆形，效果如图4-164所示。

（7）在"时间轴"面板中创建新图层并将其命名为"吊绳"。将"库"面板中的图形元件"02"拖曳到舞台窗口中的适当位置，效果如图4-165所示。折扣吊签效果绘制完成，按Ctrl+Enter组合键即可查看效果，如图4-166所示。

图 4-164

图 4-165

图 4-166

4.3.2 对齐面板

选择"窗口 > 对齐"命令,弹出"对齐"面板,如图 4-167 所示。

图 4-167

1. "对齐"选项组

"左对齐"按钮 ：设置选取对象左端对齐。

"水平中齐"按钮 ：设置选取对象沿垂直线中对齐。

"右对齐"按钮 ：设置选取对象右端对齐。

"顶对齐"按钮 ：设置选取对象上端对齐。

"垂直中齐"按钮 ：设置选取对象沿水平线中对齐。

"底对齐"按钮 ：设置选取对象下端对齐。

2. "分布"选项组

"顶部分布"按钮 ：设置选取对象在横向上上端间距相等。

"垂直居中分布"按钮 ：设置选取对象在横向上中心间距相等。

"底部分布"按钮 ：设置选取对象在横向上下端间距相等。

"左侧分布"按钮 ：设置选取对象在纵向上左端间距相等。

"水平居中分布"按钮 ：设置选取对象在纵向上中心间距相等。

"右侧分布"按钮 ：设置选取对象在纵向上右端间距相等。

3. "匹配大小"选项组

"匹配宽度"按钮 ：设置选取对象在水平方向上等尺寸变形(以所选对象中宽度最大的为基准)。

"匹配高度"按钮 ：设置选取对象在垂直方向上等尺寸变形(以所选对象中高度最大的为基准)。

"匹配宽和高"按钮 ：设置选取对象在水平方向和垂直方向上同时进行等尺寸变形(同时以所选对象中宽度和高度最大的为基准)。

4. "间隔"选项组

"垂直平均间隔"按钮 ：设置选取对象在纵向上间距相等。

"水平平均间隔"按钮 ：设置选取对象在横向上间距相等。

5. "与舞台对齐"选项

"与舞台对齐"复选框:勾选此选项后,上述所有的设置操作都以整个舞台的宽度或高度为基准。

打开 07 文件,选中要对齐的图形,如图 4-168 所示。单击"底对齐"按钮 ,图形底端对齐,如图 4-169 所示。

图 4-168   图 4-169

选中要分布的图形，如图 4-170 所示。单击"水平居中分布"按钮，图形在纵向上中心间距相等，如图 4-171 所示。

图 4-170   图 4-171

选中要匹配大小的图形，如图 4-172 所示。单击"匹配高度"按钮，图形在垂直方向上等尺寸变形，如图 4-173 所示。

图 4-172   图 4-173

勾选"与舞台对齐"复选框前后，应用同一个命令所产生的效果不同。选中图形，如图 4-174 所示。单击"左侧分布"按钮，效果如图 4-175 所示。勾选"与舞台对齐"复选框，单击"左侧分布"按钮，效果如图 4-176 所示。

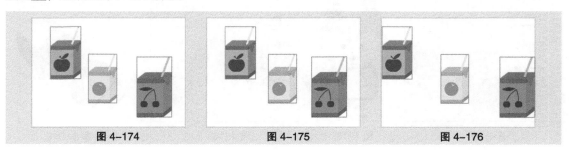

图 4-174   图 4-175   图 4-176

4.3.3 变形面板

选择"窗口 > 变形"命令，弹出"变形"面板，如图 4-177 所示。

"宽度" ↔ 100.0 % 和"高度" ↕ 100.0 % 选项：用于设置图形的宽度和高度。

"约束" 🔗 选项：用于约束"宽度"和"高度"选项，使图形能够成比例地变形。

"旋转"选项：用于设置图形的角度。

"倾斜"选项：用于设置图形的水平倾斜或垂直倾斜。

"重制选区和变形"按钮 🔳：用于复制图形并将变形设置应用于图形。

"取消变形"按钮 🔳：用于将图形属性恢复到初始状态。

"变形"面板中的设置不同，所产生的效果也各不相同。打开 08 文件，如图 4-178 所示。选中图片，在"变形"面板中将"宽度"选项设为 50，如图 4-179 所示，按 Enter 键确定操作，图形的宽度被改变，效果如图 4-180 所示。

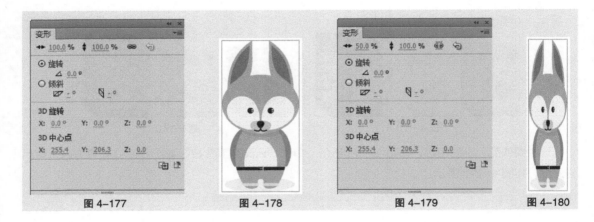

图 4-177　　　　图 4-178　　　　图 4-179　　　　图 4-180

选中图形，在"变形"面板中单击"约束"按钮 🔗，将"缩放宽度"选项设为 50，"缩放高度"选项也随之变为 50，如图 4-181 所示，按 Enter 键确定操作，图形的宽度和高度成比例地缩小，效果如图 4-182 所示。

选中图形，在"变形"面板中，将"旋转"设为 50，如图 4-183 所示，按 Enter 键确定操作图形被旋转，效果如图 4-184 所示。

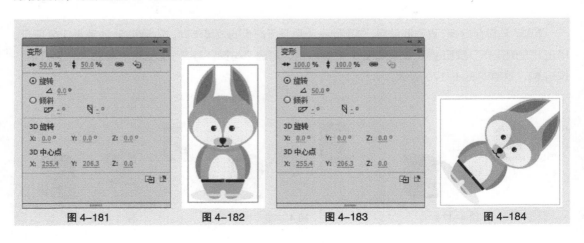

图 4-181　　　　图 4-182　　　　图 4-183　　　　图 4-184

选中图形，在"变形"面板中点选"倾斜"单选项，将"水平倾斜"设为 40，如图 4-185 所示，按 Enter 键确定操作，图形发生水平倾斜变形，效果如图 4-186 所示。

选中图形，在"变形"面板中点选"倾斜"单选项，将"垂直倾斜"设为 -20，如图 4-187 所示，按 Enter 键确定操作，图形发生垂直倾斜变形，效果如图 4-188 所示。

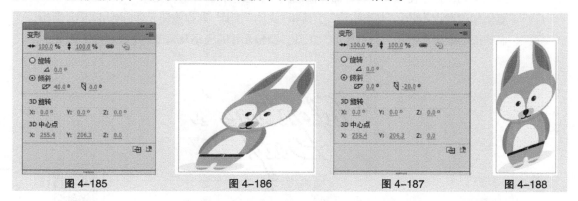

图 4-185　　　　　　　　图 4-186　　　　　　　　图 4-187　　　　　　　　图 4-188

选中图形，在"变形"面板中，将"旋转"设为 45，单击"重制选区和变形"按钮■，如图 4-189 所示，图形被复制并沿其中心点旋转了 45°，效果如图 4-190 所示。

再次单击"重制选区和变形"按钮■，图形再次被复制并旋转了 45°，如图 4-191 所示。此时，面板中显示旋转角度为 135°，表示复制出的图形的当前角度为 135°，如图 4-192 所示。

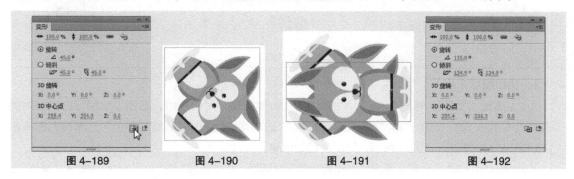

图 4-189　　　　　　　　图 4-190　　　　　　　　图 4-191　　　　　　　　图 4-192

4.4　元件与库

元件就是可以被不断重复使用的特殊对象符号。当不同的舞台剧幕上有相同的对象进行表演时，用户可先建立该对象的元件，需要时只需在舞台上创建该元件的实例即可。在 Flash CS6 文档的库面板中可以存储创建的元件以及导入的文件。只要建立 Flash CS6 文档，就可以使用相应的库。

命令介绍

元件：在 Flash CS6 中可以将元件分为 3 种类型，即图形元件、按钮元件、影片剪辑元件。在创建元件时，可根据作品的需要来判断元件的类型。

4.4.1 课堂案例——制作小鸟卡片

【案例学习目标】使用插入元件命令添加图形、按钮和影片剪辑元件。

【案例知识要点】使用"基本矩形"工具和"文本"工具,制作按钮元件;使用"影片剪辑"元件,制作心动效果;使用"任意变形"工具,调整元件的大小及角度,如图 4-193 所示。

图 4-193

94

1. 制作图形元件

(1)选择"文件 > 新建"命令,在弹出的"新建文档"对话框中,选择"常规"选项卡中的"ActionScript 3.0"选项,将"宽"选项和"高"选项均设为 594,"背景颜色"选项设为浅黄色(#F0D8BC),单击"确定"按钮,完成文档的创建。

(2)按 Ctrl+F8 组合键,弹出"创建新元件"对话框,在"名称"选项的文本框中输入"文字",在"类型"选项下拉列表中选择"图形"选项,单击"确定"按钮,新建图形元件"文字",如图 4-194 所示。舞台窗口也随之转换为图形元件的舞台窗口。

(3)选择"文件 > 导入 > 导入到舞台"命令,在弹出的"导入"对话框中,选择素材 01 文件,单击"打开"按钮,文件被导入到舞台窗口中,如图 4-195 所示。

图 4-194   图 4-195

（4）按 Ctrl+F8 组合键，弹出"创建新元件"对话框，在"名称"选项的文本框中输入"小鸟"，在"类型"选项下拉列表中选择"图形"选项，如图 4-196 所示，单击"确定"按钮，新建图形元件"小鸟"。舞台窗口也随之转换为图形元件的舞台窗口。

（5）选择"文件 > 导入 > 导入到舞台"命令，在弹出的"导入"对话框中，选择素材 02 文件，单击"打开"按钮，文件被导入到舞台窗口中，如图 4-197 所示。

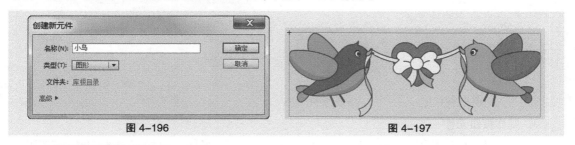

图 4-196   图 4-197

2. 制作影片剪辑元件

（1）选择"文件 > 导入 > 导入到库"命令，在弹出的"导入到库"对话框中选择素材 03 文件，单击"打开"按钮，文件被导入到"库"面板中，如图 4-198 所示。

（2）按 Ctrl+F8 组合键，弹出"创建新元件"对话框，在"名称"选项的文本框中输入"心动"，在"类型"选项下拉列表中选择"影片剪辑"选项，单击"确定"按钮，新建影片剪辑元件"心动"，如图 4-199 所示。舞台窗口也随之转换为影片剪辑元件的舞台窗口。

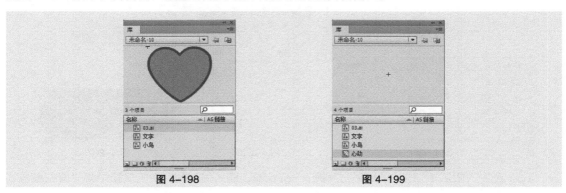

图 4-198   图 4-199

（3）将"库"面板中的图形元件"03"拖曳到舞台窗口中，并放置在适当的位置，如图 4-200 所示。分别选中"图层 1"的第 10 帧、第 20 帧，按 F6 键，插入关键帧，如图 4-201 所示。

图 4-200   图 4-201

（4）选中"图层 1"的第 10 帧，按 Ctrl+T 组合键，弹出"变形"面板，将"缩放宽度"选项和"缩放高度"选项均设为 120，如图 4-202 所示，按 Enter 键确认操作，效果如图 4-203 所示。

（5）分别用鼠标右键单击"图层1"的第1帧和第10帧，在弹出的快捷菜单中选择"创建传统补间"命令，生成传统补间动画，如图4-204所示。

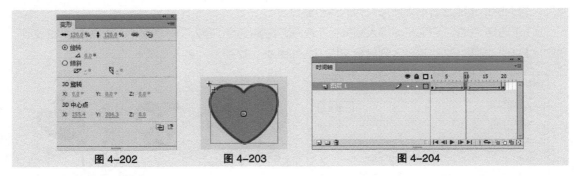

图4-202　　　　图4-203　　　　图4-204

3. 制作按钮元件

（1）按Ctrl+F8组合键，弹出"创建新元件"对话框，在"名称"选项的文本框中输入"按钮"，在"类型"选项下拉列表中选择"按钮"选项，单击"确定"按钮，如图4-205所示，新建按钮元件"按钮"。舞台窗口也随之转换为按钮元件的舞台窗口。

（2）选择"基本矩形"工具■，在基本矩形工具"属性"面板中，将"笔触颜色"设为褐色（#734B28），"填充颜色"设为橘红色（#E3605C），"笔触"选项设为1.5，其他选项的设置如图4-206所示，在舞台窗口中绘制1个圆角矩形，效果如图4-207所示。

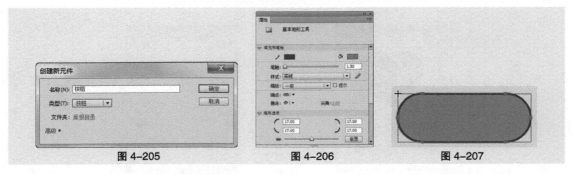

图4-205　　　　图4-206　　　　图4-207

（3）选中"图层1"的"鼠标经过"帧，按F6键，插入关键帧。在工具箱中将"填充颜色"设为粉色（#EFA5A9），效果如图4-208所示。选中"图层1"的"按下"帧，按F6键，插入关键帧。在工具箱中将"填充颜色"设为绿色（#5EC2D0），效果如图4-209所示。

（4）单击"时间轴"面板下方的"新建图层"按钮■，新建"图层2"。选择"文本"工具■，在文本工具"属性"面板中进行设置，在舞台窗口中适当的位置输入大小为19、字体为"华康娃娃体"的白色文字，文字效果如图4-210所示。

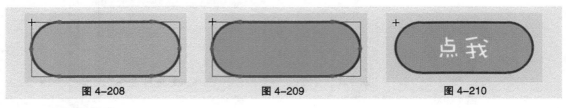

图4-208　　　　图4-209　　　　图4-210

4. 制作场景画面

（1）单击舞台窗口左上方的"场景1"图标■ 场景1，进入"场景1"的舞台窗口。将"图层1"

重新命名为"文字阴影"。将"库"面板中的图形元件"文字"拖曳到舞台窗口的上方位置，如图4-211所示。

（2）选择"选择"工具，在舞台窗口中选择"文字"实例，在图形"属性"面板中，选择"色彩效果"选项组，在"样式"选项的下拉列表中选择"色调"，"着色"选项设为黑色，"色调"选项设为100%，按Enter键，舞台窗口中的效果如图4-212所示。

（3）在"时间轴"面板中创建新图层并将其命名为"文字"。将"库"面板中的图形元件"文字"再次拖曳到舞台窗口中，并放置在适当的位置，如图4-213所示。

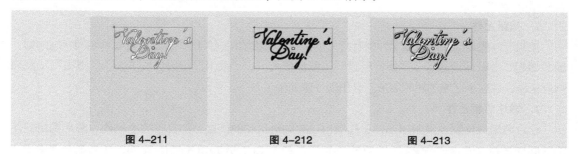

| 图 4-211 | 图 4-212 | 图 4-213 |

（4）在"时间轴"面板中创建新图层并将其命名为"心"，如图4-214所示。将"库"面板中的影片剪辑元件"心动"向舞台窗口中拖曳多次，并分别缩放大小、旋转相应的角度，效果如图4-215所示。在"时间轴"面板中，将"心"图层拖曳到"文字阴影"图层的下方，效果如图4-216所示。

| 图 4-214 | 图 4-215 | 图 4-216 |

（5）在"文字"图层的上方创建新图层并将其命名为"小鸟"，如图4-217所示。将"库"面板中的图形元件"小鸟"拖曳到舞台窗口中，并放置在舞台窗口的下方，如图4-218所示。

（6）在"时间轴"面板中创建新图层并将其命名为"按钮"。将"库"面板中的按钮元件拖曳到舞台窗口中，并放置在适当的位置，如图4-219所示。小鸟卡片效果制作完成，按Ctrl+Enter组合键即可查看效果。

| 图 4-217 | 图 4-218 | 图 4-219 |

4.4.2　元件的类型

1．图形元件

图形元件 一般用于创建静态图像或创建可重复使用的、与主时间轴关联的动画。它有自己的编辑区和时间轴。如果在场景中创建元件的实例，那么实例将受到主场景中时间轴的约束。换句话说，图形元件中的时间轴与其实例在主场景的时间轴同步。另外，在图形元件中可以使用矢量图、图像、声音和动画的元素，但不能为图形元件提供实例名称，也不能在动作脚本中引用图形元件，并且声音在图形元件中失效。

2．按钮元件

按钮元件 是创建能激发某种交互行为的按钮。创建按钮元件的关键是设置 4 种不同状态的帧，即"弹起"（鼠标抬起）、"指针经过"（鼠标移入）、"按下"（鼠标按下）、"点击"（鼠标响应区域，在这个区域创建的图形不会出现在画面中）。

3．影片剪辑元件

影片剪辑元件 也像图形元件一样有自己的编辑区和时间轴，但又不完全相同。影片剪辑元件的时间轴是独立的，它不受其实例在主场景时间轴（主时间轴）的控制。比如，在场景中创建影片剪辑元件的实例，此时即便场景中只有一帧，在电影片段中也可播放动画。另外，在影片剪辑元件中可以使用矢量图、图像、声音、影片剪辑元件、图形组件和按钮组件等，并且能在动作脚本中引用影片剪辑元件。

4.4.3　创建图形元件

选择"插入 > 新建元件"命令或按 Ctrl+F8 组合键，弹出"创建新元件"对话框，在"名称"选项的文本框中输入"蛋糕"，在"类型"选项的下拉列表中选择"图形"选项，如图 4-220 所示。

图 4-220

单击"确定"按钮，创建一个新的图形元件"蛋糕"。图形元件的名称出现在舞台的左上方，舞台切换到了图形元件"蛋糕"的窗口，窗口中间出现十字"＋"，代表图形元件的中心定位点，如图 4-221 所示。在"库"面板中显示出图形元件，如图 4-222 所示。

选择"文件 > 导入 > 导入到舞台"命令，弹出"导入"对话框，在弹出的对话框中选择基础素材 09 文件，单击"打开"按钮，将素材导入到舞台，如图 4-223 所示，完成图形元件的创建。单击舞台窗口左上方的"场景 1"图标 ，就可以返回场景 1 的编辑舞台。

图 4-221　　　　　　　　　　图 4-222　　　　　　　　　　图 4-223

还可以应用"库"面板创建图形元件。单击"库"面板右上方的按钮图，在弹出式菜单中选择"新建元件"命令，弹出"创建新元件"对话框，选中"图形"选项，单击"确定"按钮，创建图形元件。也可在"库"面板中创建按钮元件或影片剪辑元件。

4.4.4　创建按钮元件

Flash CS6 库中提供了一些简单的按钮，如果需要复杂的按钮，还是需要自己创建的。

选择"插入 > 新建元件"命令，弹出"创建新元件"对话框，在"名称"选项的文本框中输入"帽子"，在"类型"选项的下拉列表中选择"按钮"选项，如图 4-224 所示。

单击"确定"按钮，创建一个新的按钮元件"帽子"。按钮元件的名称出现在舞台的左上方，舞台切换到了按钮元件"矩形"的窗口，窗口中间出现十字"+"，代表按钮元件的中心定位点。在"时间轴"窗口中显示出 4 个状态帧："弹起""指针经过""按下""点击"，如图 4-225 所示。

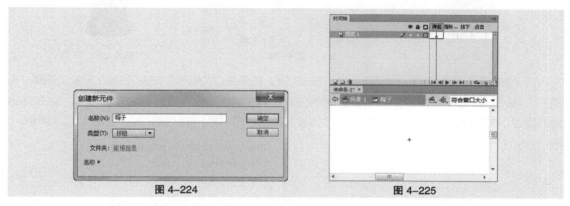

图 4-224　　　　　　　　　　　　　　　　图 4-225

"弹起"帧：设置鼠标指针不在按钮上时按钮的外观。

"指针经过"帧：设置鼠标指针放在按钮上时按钮的外观。

"按下"帧：设置按钮被单击时的外观。

"点击"帧：设置响应鼠标单击的区域。此区域在影片里不可见。

"库"面板中的效果如图 4-226 所示。

选择"文件 > 导入 > 导入到舞台"命令，弹出"导入"对话框，在弹出的对话框中选择"基础素材 > ch04 > 10"文件，单击"打开"按钮，将素材导入舞台，效果如图 4-227 所示。在"时间轴"面板中选中"指针经过"帧，按 F7 键，插入空白关键帧，如图 4-228 所示。

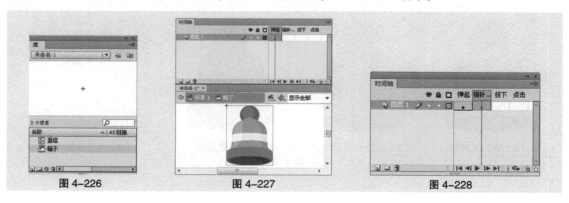

图 4-226　　　　　　　　　　图 4-227　　　　　　　　　　图 4-228

选择"文件 > 导入 > 导入到舞台"命令，弹出"导入"对话框，在弹出的对话框中选择"基础素材 > Ch04 > 11"文件，单击"打开"按钮，将素材导入到舞台，效果如图 4-229 所示。在"时间轴"面板中选中"按下"帧，按 F7 键，插入空白关键帧，如图 4-230 所示。

选择"文件 > 导入 > 导入到舞台"命令，弹出"导入"对话框，在弹出的对话框中选择"基础素材 > Ch04 > 12"文件，单击"打开"按钮，将素材导入到舞台，效果如图 4-231 所示。

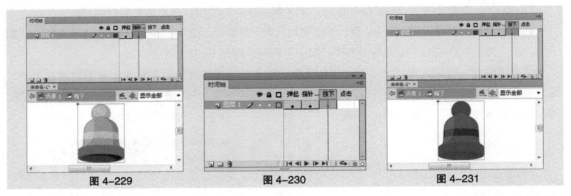

图 4-229　　　　　　　　　图 4-230　　　　　　　　　图 4-231

在"时间轴"面板中选中"点击"帧，按 F7 键，插入空白关键帧，如图 4-232 所示。选择"矩形"工具▢，在工具箱中将"笔触颜色"设为无，"填充颜色"设为黄色（#F5AC00），按住 Shift 键的同时，在舞台窗口中绘制 1 个矩形，作为按钮动画应用时鼠标响应的区域，如图 4-233 所示。

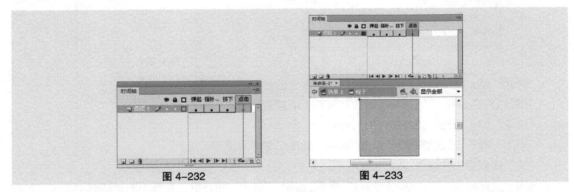

图 4-232　　　　　　　　　图 4-233

按钮元件制作完成，在各关键帧上，舞台中显示的图形如图 4-234 所示。单击舞台窗口左上方的"场景 1"图标▲ 场景 1，就可以返回到场景 1 的编辑舞台。

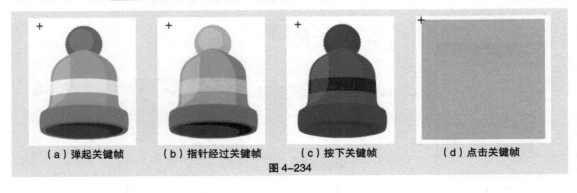

（a）弹起关键帧　　　（b）指针经过关键帧　　　（c）按下关键帧　　　（d）点击关键帧

图 4-234

4.4.5 创建影片剪辑元件

选择"插入 > 新建元件"命令，弹出"创建新元件"对话框，在"名称"选项的文本框中输入"字母变形"，在"类型"选项的下拉列表中选择"影片剪辑"选项，如图 4-235 所示。

单击"确定"按钮，创建一个影片剪辑元件"字母变形"。影片剪辑元件的名称出现在舞台的左上方，舞台切换到了影片剪辑元件"字母变形"的窗口，窗口中间出现十字"+"，代表影片剪辑元件的中心定位点，如图 4-236 所示。在"库"面板中显示出影片剪辑元件，如图 4-237 所示。

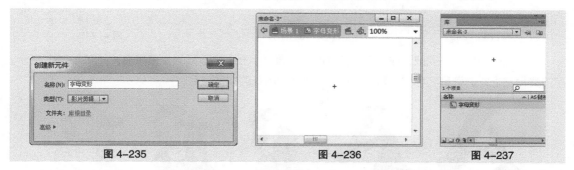

| 图 4-235 | 图 4-236 | 图 4-237 |

选择"文本"工具 T，在文本工具"属性"面板中进行设置，在舞台窗口中适当的位置输入大小为 200、字体为"方正水黑简体"的红色（#FF0000）字母，文字效果如图 4-238 所示。选择"选择"工具，选中字母，按 Ctrl+B 组合键，将其打散，效果如图 4-239 所示。在"时间轴"面板中选中第 20 帧，按 F7 键，插入空白关键帧，如图 4-240 所示。

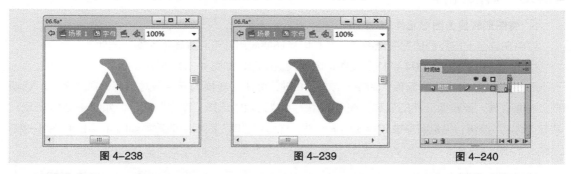

| 图 4-238 | 图 4-239 | 图 4-240 |

选择"文本"工具 T，在文本工具"属性"面板中进行设置，在舞台窗口中适当的位置输入大小为 200、字体为"方正水黑简体"的橙黄色（#FF9900）字母，文字效果如图 4-241 所示。选择"选择"工具，选中字母，按 Ctrl+B 组合键，将其打散，效果如图 4-242 所示。

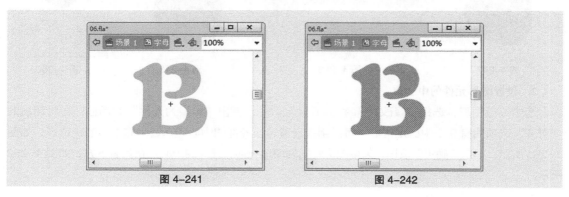

| 图 4-241 | 图 4-242 |

在"时间轴"面板中选中第1帧，如图4-243所示；单击鼠标右键，在弹出的快捷菜单中选择"创建补间形状"命令，如图4-244所示。

在"时间轴"面板中出现箭头标志线，如图4-245所示。

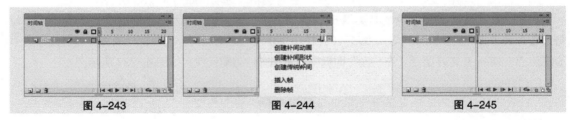

| 图 4-243 | 图 4-244 | 图 4-245 |

影片剪辑元件制作完成，在不同的关键帧上，舞台中显示出不同的变形图形，如图4-246所示。单击舞台左上方的场景名称"场景1"就可以返回到场景的编辑舞台。

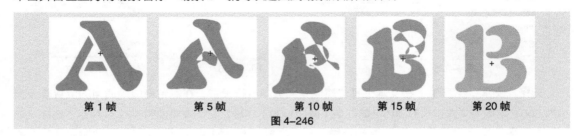

第1帧　　　　第5帧　　　　第10帧　　　　第15帧　　　　第20帧

图 4-246

4.4.6　转换元件

1. 将图形转换为图形元件

如果在舞台上已经创建好矢量图形，并且以后还要应用，可将其转换为图形元件。

打开"基础素材 > Ch04 > 13"文件，选中矢量图形，如图4-247所示。

选择"修改 > 转换为元件"命令，或按F8键，弹出"转换为元件"对话框，在"名称"选项的文本框中输入要转换元件的名称，在"类型"下拉列表中选择"图形"元件，如图4-248所示，单击"确定"按钮，矢量图形被转换为图形元件，舞台和"库"面板中的效果如图4-249和图4-250所示。

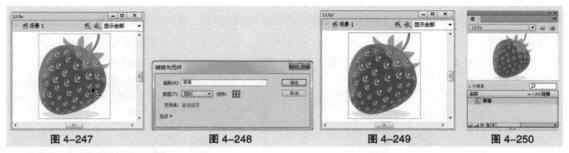

| 图 4-247 | 图 4-248 | 图 4-249 | 图 4-250 |

2. 设置图形元件的中心点

选中矢量图形，选择"修改 > 转换为元件"命令，弹出"转换为元件"对话框，在对话框的"对齐"选项后有9个中心定位点，可以用来设置转换元件的中心点。选中右下方的定位点，如图4-251所示，单击"确定"按钮，矢量图形转换为图形元件，元件的中心点在其右下方，如图4-252所示。

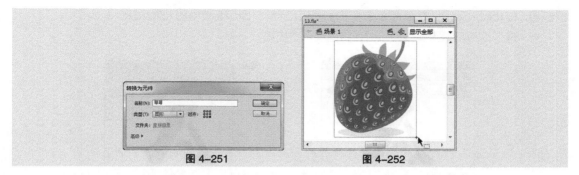

图 4-251　　　　　　　　　　　　　　　　　图 4-252

在"对齐"选项中设置不同的中心点，转换的图形元件效果如图 4-253 所示。

（a）中心点在左上方　　　　　　（b）中心点在左下方　　　　　　（c）中心点在右侧

图 4-253

3. 转换元件类型

在制作的过程中，可以根据需要将一种类型的元件转换为另一种类型的元件。

选中"库"面板中的图形元件，如图 4-254 所示，单击面板下方的"属性"按钮，弹出"元件属性"对话框，在"类型"选项下拉列表中选择"影片剪辑"选项，如图 4-255 所示，单击"确定"按钮，图形元件转换为影片剪辑元件，如图 4-256 所示。

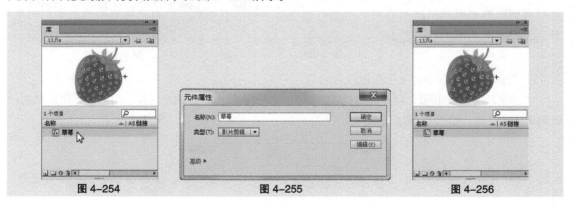

图 4-254　　　　　　　　　　图 4-255　　　　　　　　　　图 4-256

4.4.7　库面板的组成

选择"窗口 > 库"命令，或按 Ctrl+L 组合键，弹出"库"面板，如图 4-257 所示。

在"库"面板的上方显示出与"库"面板相对应的文档名称。在文档名称的下方显示预览区域，可以在此观察选定元件的效果。如果选定的元件为多帧组成的动画，在预览区域的右上方显示出两个按钮　，如图 4-258 所示。单击"播放"按钮，可以在预览区域里播放动画。单击"停止"

按钮█，停止播放动画。在预览区域的下方显示出当前"库"面板中的元件数量。

当"库"面板呈最大宽度显示时，将出现一些按钮。

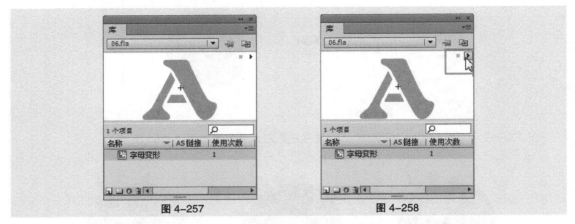

图 4-257　　　　　　　　　　　　　图 4-258

"名称"按钮：单击此按钮，"库"面板中的元件将按名称排序，如图 4-259 所示。

"类型"按钮：单击此按钮，"库"面板中的元件将按类型排序，如图 4-260 所示。

"使用次数"按钮：单击此按钮，"库"面板中的元件将按被使用的次数排序。

"链接"按钮：与"库"面板弹出式菜单中"链接"命令的设置相关联。

"修改日期"按钮：单击此按钮，"库"面板中的元件按照被修改的日期排序，如图 4-261 所示。

图 4-259　　　　　　　　　　图 4-260　　　　　　　　　　图 4-261

在"库"面板的下方有 4 个按钮。

"新建元件"按钮█：用于创建元件。单击此按钮，弹出"创建新元件"对话框，可以通过设置创建新的元件，如图 4-262 所示。

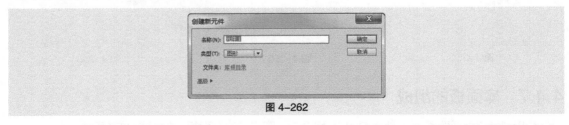

图 4-262

"新建文件夹"按钮█：用于创建文件夹。可以分门别类地建立文件夹，将相关的元件调入其中，以方便管理。单击此按钮，在"库"面板中生成新的文件夹，可以设定文件夹的名称，如图 4-263 所示。

"属性"按钮█：用于转换元件的类型。单击此按钮，弹出"元件属性"对话框，可以将元件类型相互转换，如图 4-264 所示。

"删除"按钮 ![删除图标]：删除"库"面板中被选中的元件或文件夹。单击此按钮，所选的元件或文件夹被删除。

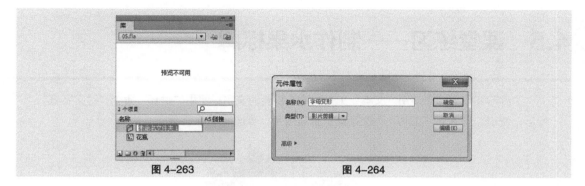

图 4-263   图 4-264

4.4.8 库面板弹出式菜单

单击"库"面板右上方的按钮 ![按钮图标]，出现弹出式菜单，在菜单中提供了多个实用命令，如图 4-265 所示。

"新建元件"命令：用于创建一个新的元件。

"新建文件夹"命令：用于创建一个新的文件夹。

"新建字型"命令：用于创建字体元件。

"新建视频"命令：用于创建视频资源。

"重命名"命令：用于重新设定元件的名称。也可双击要重命名的元件，再更改名称。

"删除"命令：用于删除当前选中的元件。

"直接复制"命令：用于复制当前选中的元件。此命令不能用于复制文件夹。

"移至"命令：用于将选中的元件移动到新建的文件夹中。

"编辑"命令：选择此命令，主场景舞台被切换到当前选中元件舞台。

"编辑方式"命令：用于编辑所选位图元件。

"编辑 Audition"命令：用于打开 Adobe Audition 软件，对音频进行润饰、音乐自定、添加声音效果等操作。

"播放"命令：用于播放按钮元件或影片剪辑元件中的动画。

"更新"命令：用于更新资源文件。

"属性"命令：用于查看元件的属性或更改元件的名称和类型。

"组件定义"命令：用于介绍组件的类型、数值和描述语句等属性。

"运行时共享库 URL"命令：用于设置公用库的链接。

"选择未用项目"命令：用于选出在"库"面板中未经使用的元件。

"展开文件夹"命令：用于打开所选文件夹。

"折叠文件夹"命令：用于关闭所选文件夹。

"展开所有文件夹"命令：用于打开"库"面板中的所有文件夹。

"折叠所有文件夹"命令：用于关闭"库"面板中的所有文件夹。

图 4-265

"帮助"命令：用于调出软件的帮助文件。

"关闭"命令：选择此命令可以将库面板关闭。

"关闭组"命令：选择此命令将关闭组合后的面板组。

4.5 课堂练习——制作水果标牌

【练习知识要点】使用"文本"工具，输入需要的文字；使用"封套"命令，对文字进行变形；使用"墨水瓶"工具，为文字添加描边效果。如图 4-266 所示。

图 4-266

4.6 课后习题——制作海边城市

【习题知识要点】使用"导入"命令，导入素材制作图形元件；使用"创建传统补间"命令，制作补间动画效果；使用"属性"面板，改变实例的不透明度，如图 4-267 所示。

图 4-267

05

第 5 章
基本动画

▶ **本章介绍**

在 Flash CS6 动画的制作过程中，时间轴和帧起到了关键作用。本章将介绍动画中帧和时间轴的使用方法及应用技巧。读者通过学习要了解并掌握如何灵活地应用帧和时间轴，并根据设计需要制作出丰富多彩的动画效果。

学习目标

- 了解动画和帧的基本概念
- 掌握逐帧动画的制作方法
- 掌握形状补间动画的制作方法
- 掌握传统补间动画的制作方法
- 掌握动画预设的使用方法

技能目标

- 掌握"打字效果"的制作方法和技巧
- 掌握"弹跳动画"的制作方法和技巧
- 掌握"汉堡广告"的制作方法和技巧
- 掌握"运动鞋促销海报"的制作方法和技巧

慕课视频

基本动画

5.1 帧动画

要将一幅静止的画面按照某种顺序快速地、连续地播放，需要用时间轴和帧来为它们完成时间和顺序的安排。

命令介绍

帧：动画是通过连续播放一系列静止画面，造成连续变化的视觉效果。这一系列单幅的画面就叫帧，它是 Flash 动画中最小时间单位里出现的画面。

时间轴面板：它是实现动画效果最基本的面板。

5.1.1 课堂案例——制作打字效果

【案例学习目标】使用不同的绘图工具绘制图形，使用时间轴制作动画。

【案例知识要点】使用"刷子"工具，绘制光标图形；使用"文本"工具，添加文字；使用"翻转帧"命令，将帧进行翻转，如图 5-1 所示。

扫码观看
本案例视频

扫码观看
扩展案例

图 5-1

1. 导入图片并制作元件

（1）选择"文件 > 新建"命令，在弹出的"新建文档"对话框中，选择"常规"选项卡中的"ActionScript 3.0"选项，将"宽"选项设为 800，"高"选项设为 695，"背景颜色"选项设为浅黄色（#F0D8BC），单击"确定"按钮，完成文档的创建。

（2）将"图层 1"重命名为"底图"，如图 5-2 所示。选择"文件 > 导入 > 导入到舞台"命令，在弹出的"导入"对话框中，选择素材 01 文件，单击"打开"按钮，文件被导入到舞台窗口中，如图 5-3 所示。

图 5-2   图 5-3

（3）按 Ctrl+F8 组合键，弹出"创建新元件"对话框，在"名称"选项的文本框中输入"光标"，在"类型"选项的下拉列表中选择"图形"选项，如图 5-4 所示，单击"确定"按钮，新建图形元件"光标"，如图 5-5 所示，舞台窗口也随之转换为图形元件的舞台窗口。

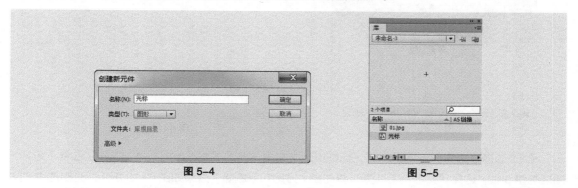

图 5-4　　　　　　　　　　　　　　　　　图 5-5

（4）选择"刷子"工具，在刷子工具"属性"面板中，将"平滑度"选项设为 0，"笔触颜色"设为无，"填充颜色"设为白色，在舞台窗口中绘制 1 条直线，效果如图 5-6 所示。

（5）按 Ctrl+F8 组合键，弹出"创建新元件"对话框，在"名称"选项的文本框中输入"文字动"，在"类型"选项的下拉列表中选择"影片剪辑"选项，单击"确定"按钮，新建影片剪辑元件"文字动"，如图 5-7 所示，舞台窗口也随之转换为影片剪辑元件的舞台窗口。

图 5-6　　　　　　　　　　　　　　　　　图 5-7

2．添加文字并制作打字效果

（1）将"图层 1"重新命名为"文字"。选择"文本"工具，在文本工具"属性"面板中进行设置，在舞台窗口中适当的位置输入大小为 33、字体为"方正字迹 – 刑体草书简体"的白色文字，文字效果如图 5-8 所示。再次在舞台窗口中输入大小为 23、字体为"方正字迹 – 刑体草书简体"的白色文字，文字效果如图 5-9 所示。

图 5-8　　　　　　　　　　　　　　　　　图 5-9

（2）在"时间轴"面板中创建新图层并将其命名为"光标"。分别选中"文字"图层和"光标"图层的第 5 帧，按 F6 键，插入关键帧，如图 5-10 所示。选中"光标"图层的第 5 帧，将"库"面板中的图形元件"光标"拖曳到舞台窗口中,选择"任意变形"工具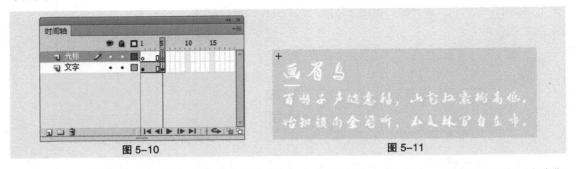,调整光标图形的大小,效果如图 5-11 所示。

图 5-10

图 5-11

(3)选择"选择"工具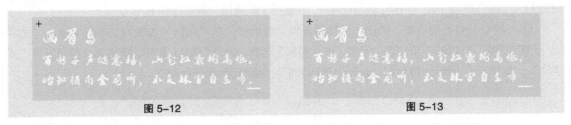,将光标拖曳到文字中句号的下方,如图 5-12 所示。选中"文字"图层的第 5 帧,选择"文本"工具,将光标上方的句号删除,效果如图 5-13 所示。分别选中"文字"图层和"光标"图层的第 10 帧,插入关键帧。

图 5-12

图 5-13

(4)选中"光标"图层的第 10 帧,将光标平移到文字中"啼"字的下方,如图 5-14 所示。选中"文字"图层的第 10 帧,将光标上方的"啼"字删除,效果如图 5-15 所示。

图 5-14

图 5-15

(5)用相同的方法,每间隔 5 帧插入一个关键帧,在插入的帧上将光标移动到前一个字的下方,并删除该字,直到删除完所有的字,如图 5-16 所示,舞台窗口中的效果如图 5-17 所示。

图 5-16

图 5-17

(6)按住 Shift 键的同时单击"文字"图层和"光标"图层的图层名称,选中两个图层中的所有帧,选择"修改 > 时间轴 > 翻转帧"命令,对所有帧进行翻转,如图 5-18 所示。

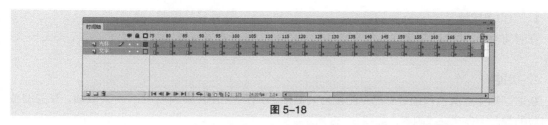

图 5-18

（7）单击舞台窗口左上方的"场景 1"图标 场景 1，进入"场景 1"的舞台窗口。在"时间轴"面板中创建新图层并将其命名为"文字"，如图 5-19 所示。将"库"面板中的影片剪辑元件"文字动"拖曳到舞台窗口中适当的位置，如图 5-20 所示。打字效果制作完成，按 Ctrl+Enter 组合键即可查看效果，如图 5-21 所示。

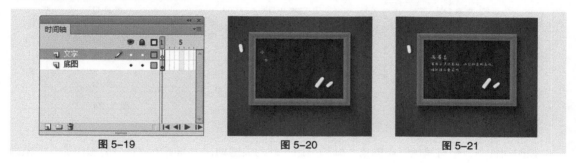

图 5-19　　　　　　　图 5-20　　　　　　　图 5-21

5.1.2　动画中帧的概念

医学证明，人类具有视觉暂留的特点，即人眼看到物体或画面后，相应视觉在 1/24 秒内不会消失。利用这一原理，在一幅画消失之前播放下一幅画，就会给人造成流畅的视觉变化效果。所以，动画就是通过连续播放一系列静止画面，造成连续变化的视觉效果。

在 Flash CS6 中，这一系列单幅的画面就叫帧，它是 Flash CS6 动画中最小时间单位里出现的画面。每秒钟显示的帧数叫帧率，如果帧率太低就会给人造成视觉上不流畅的感觉。所以，按照人的视觉原理，一般将动画的帧率设为 24 帧 / 秒。

在 Flash CS6 中，动画制作的过程就是决定动画每一帧显示什么内容的过程。用户可以像制作传统动画一样自己绘制动画的每一帧，即逐帧动画。但制作逐帧动画所需的工作量非常大，为此，Flash CS6 还提供了一种简单的动画制作方法，即采用关键帧处理技术的插值动画。插值动画又分为运动动画和变形动画两种。

制作插值动画的关键是绘制动画的起始帧和结束帧，中间帧的效果由 Flash CS6 自动计算得出。为此，在 Flash CS6 中提供了关键帧、过渡帧、空白关键帧的概念。关键帧描绘动画的起始帧和结束帧。当动画内容发生变化时必须插入关键帧，即使是逐帧动画也要为每个画面创建关键帧。关键帧有延续性，开始关键帧中的对象会延续到结束关键帧。过渡帧是动画起始、结束关键帧中间系统自动生成的帧。空白关键帧是不包含任何对象的关键帧。因为 Flash CS6 只支持在关键帧中绘画或插入对象，所以，当动画内容发生变化而又不希望延续前面关键帧的内容时需要插入空白关键帧。

5.1.3　帧的显示形式

在 Flash CS6 动画制作过程中，帧包括下述多种显示形式。

1．空白关键帧

在时间轴中，白色背景带有黑圈的帧为空白关键帧，表示在当前舞台中没有任何内容，如图5-22所示。

2．关键帧

在时间轴中，灰色背景带有黑点的帧为关键帧。表示在当前场景中存在一个关键帧，在关键帧相对应的舞台中存在一些内容，如图5-23所示。

在时间轴中，存在多个帧。带有黑色圆点的第1帧为关键帧，最后一帧上面带有黑的矩形框，为普通帧。除了第1帧以外，其他帧均为普通帧，如图5-24所示。

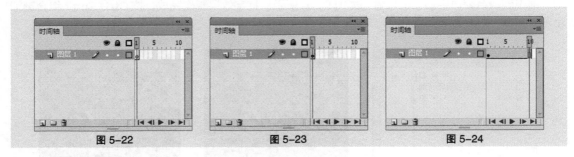

图 5-22　　　　　　　　　图 5-23　　　　　　　　　图 5-24

3．传统补间帧

在时间轴中，带有黑色圆点的第1帧和最后一帧为关键帧，中间蓝色背景带有黑色箭头的帧为补间帧，如图5-25所示。

4．形状补间帧

在时间轴中，带有黑色圆点的第1帧和最后一帧为关键帧，中间绿色背景带有黑色箭头的帧为补间帧，如图5-26所示。

在时间轴中，帧上出现虚线，表示是未完成或中断了的补间动画，虚线表示不能够生成补间帧，如图5-27所示。

图 5-25　　　　　　　　　图 5-26　　　　　　　　　图 5-27

5．包含动作语句的帧

在时间轴中，第1帧上出现一个字母"a"，表示这一帧中包含了使用"动作"面板设置的动作语句，如图5-28所示。

6．帧标签

在时间轴中，第1帧上出现一面红旗，表示这一帧的标签类型是名称。红旗右侧的"mc"是帧标签的名称，如图5-29所示。

在时间轴中，第1帧上出现两条绿色斜杠，表示这一帧的标签类型是注释，如图5-30所示。帧注释是对帧的解释，帮助理

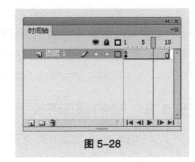

图 5-28

解该帧在影片中的作用。

在时间轴中，第 1 帧上出现一个金色的锚，表示这一帧的标签类型是锚记，如图 5-31 所示。帧锚记表示该帧是一个定位，方便浏览者在浏览器中快进、快退。

图 5-29   图 5-30   图 5-31

5.1.4　时间轴面板

"时间轴"面板由图层面板和时间轴组成，如图 5-32 所示。

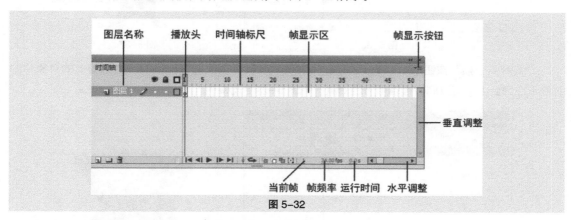

图 5-32

眼睛图标 👁：单击此图标，可以隐藏或显示图层中的内容。

锁状图标 🔒：单击此图标，可以锁定或解锁图层。

线框图标 ▫：单击此图标，可以将图层中的内容以线框的方式显示。

"新建图层"按钮 🔲：用于创建图层。

"新建文件夹"按钮 🗂：用于创建图层文件夹。

"删除"按钮 🗑：用于删除无用的图层。

5.1.5　绘图纸（洋葱皮）功能

一般情况下，Flash CS6 的舞台只能显示当前帧中的对象。如果希望在舞台上出现多帧对象以帮助当前帧对象的定位和编辑，可通过 Flash CS6 提供的绘图纸（洋葱皮）功能实现。

打开"基础素材 > Ch05 > 01"文件。在时间轴面板下方的按钮功能如下。

"帧居中"按钮 ▥：单击此按钮，播放头所在帧会显示在时间轴的中间位置。

"绘图纸外观"按钮 ▣：单击此按钮，时间轴标尺上出现绘图纸的标记显示，如图 5-33 所示，在标记范围内的帧上的对象将同时显示在舞台中，如图 5-34 所示。可以用鼠标拖曳标记点来增加显示的帧数，如图 5-35 所示。

图 5-33　　　　　　　　　　　图 5-34　　　　　　　　　　　图 5-35

"绘图纸外观轮廓"按钮 ▢：单击此按钮，时间轴标尺上出现绘图纸的标记显示，如图 5-36 所示，在标记范围内的帧上的对象将以轮廓线的形式同时显示在舞台中，如图 5-37 所示。

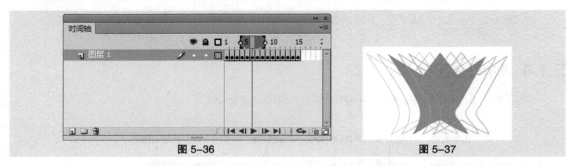

图 5-36　　　　　　　　　　　　　　　　　图 5-37

"编辑多个帧"按钮 ▤：单击此按钮，如图 5-38 所示，绘图纸标记范围内的帧上的对象将同时显示在舞台中，可以同时编辑所有的对象，如图 5-39 所示。

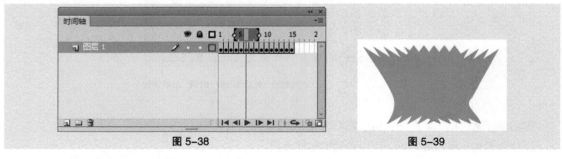

图 5-38　　　　　　　　　　　　　　　　　图 5-39

"修改绘图纸标记"按钮 ▣：单击此按钮，弹出下拉菜单，如图 5-40 所示。

"始终显示标记"命令：在时间轴标尺上总是显示出绘图纸标记。

"锚定标记"命令：锁定绘图纸标记的显示范围，移动播放头不会改变显示范围，如图 5-41 所示。

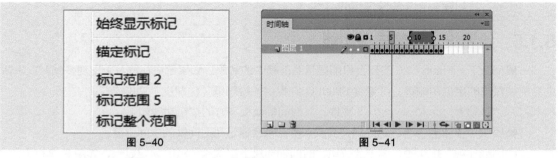

图 5-40　　　　　　　　　　　　　　　　　图 5-41

"标记范围 2"命令：绘图纸标记显示范围为从当前帧的前 2 帧开始，到当前帧的后 2 帧结束，如图 5-42 所示，图形显示效果如图 5-43 所示。

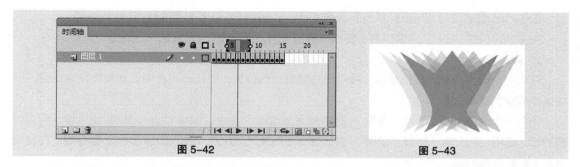

图 5-42　　　　　　　　　　　　　　　　图 5-43

"标记范围 5"命令：绘图纸标记显示范围为从当前帧的前 5 帧开始，到当前帧的后 5 帧结束，如图 5-44 所示，图形显示效果如图 5-45 所示。

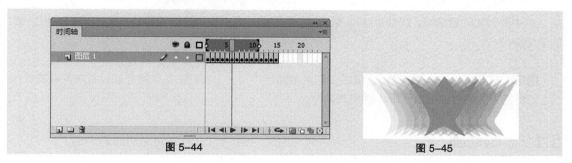

图 5-44　　　　　　　　　　　　　　　　图 5-45

"标记整个范围"命令：绘图纸标记显示范围为时间轴中的所有帧，如图 5-46 所示，图形显示效果如图 5-47 所示。

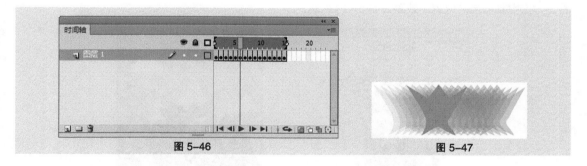

图 5-46　　　　　　　　　　　　　　　　图 5-47

5.1.6　在时间轴面板中设置帧

在时间轴面板中，可以对帧进行一系列的操作。

1. 插入帧

选择"插入 > 时间轴 > 帧"命令，或按 F5 键，可以在时间轴上插入一个普通帧。

选择"插入 > 时间轴 > 关键帧"命令，或按 F6 键，可以在时间轴上插入一个关键帧。

选择"插入 > 时间轴 > 空白关键帧"命令，可以在时间轴上插入一个空白关键帧。

2. 选择帧

选择"编辑 > 时间轴 > 选择所有帧"命令，选中时间轴中的所有帧。

单击要选的帧，帧变为蓝色。

用鼠标选中要选择的帧，再向前或向后进行拖曳，其间鼠标经过的帧全部被选中。

按住 Ctrl 键的同时，用鼠标单击要选择的帧，可以选择多个不连续的帧。

按住 Shift 键的同时，用鼠标单击要选择的两个帧，这两个帧中间的所有帧都被选中。

3．移动帧

选中一个或多个帧，按住鼠标，移动所选帧到目标位置。在移动过程中，如果按住 Alt 键，会在目标位置上复制出所选的帧。

选中一个或多个帧，选择"编辑 > 时间轴 > 剪切帧"命令，或按 Ctrl+Alt+X 组合键，剪切所选的帧；选中目标位置，选择"编辑 > 时间轴 > 粘贴帧"命令，或按 Ctrl+Alt+V 组合键，在目标位置上粘贴所选的帧。

4．删除帧

用鼠标右键单击要删除的帧，在弹出的菜单中选择"清除帧"命令。

选中要删除的普通帧，按 Shift+F5 组合键，删除帧。选中要删除的关键帧，按 Shift+F6 组合键，删除关键帧。

> **提示：** 在 Flash CS6 系统默认状态下，时间轴面板中每一个图层的第 1 帧都被设置为关键帧。后面插入的帧将拥有第 1 帧中的所有内容。

5.1.7 帧动画

选择"文件 > 打开"命令，将"基础素材 > Ch05 > 02.fla"文件打开，如图 5-48 所示。选中"飞机"图层的第 5 帧，按 F6 键，插入关键帧。选择"选择"工具 ，在舞台窗口中将"飞机"图形向右上方拖曳到适当的位置，效果如图 5-49 所示。

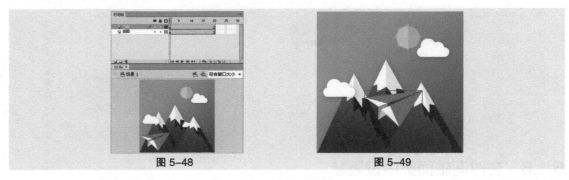

图 5-48   图 5-49

选中"飞机"图层的第 10 帧，按 F6 键，插入关键帧，如图 5-50 所示，将"飞机"图形向左上方拖曳到适当的位置，效果如图 5-51 所示。

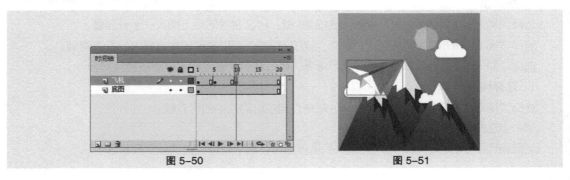

图 5-50   图 5-51

选中"飞机"图层的第15帧,按F6键,插入关键帧,如图5-52所示,将"飞机"图形向右拖曳到适当的位置,效果如图5-53所示。

图 5-52   图 5-53

按Enter键,让播放头进行播放,即可观看制作效果。在不同的关键帧上动画显示的效果如图5-54所示。

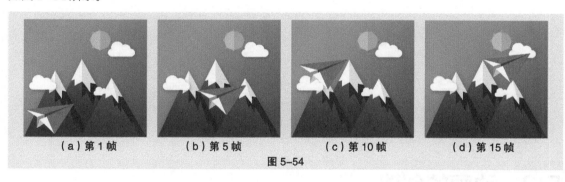

（a）第1帧　　　　（b）第5帧　　　　（c）第10帧　　　　（d）第15帧

图 5-54

5.1.8　逐帧动画

新建空白文档,选择"文本"工具，在第1帧的舞台中输入文字"雨"字,如图5-55所示。在时间轴面板中选中第2帧,如图5-56所示。按F6键,插入关键帧,如图5-57所示。

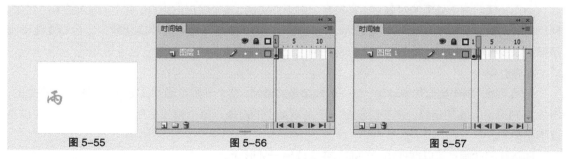

图 5-55   图 5-56   图 5-57

在第2帧的舞台中输入"过"字,如图5-58所示。用相同的方法在第3帧上插入关键帧,在舞台中输入"天"字,如图5-59所示。在第4帧上插入关键帧,在舞台中输入"晴"字,如图5-60所示。按Enter键,让播放头进行播放,即可观看制作效果。

图 5-58　　　　　　　　　　　图 5-59　　　　　　　　　　　图 5-60

还可以通过从外部导入图片组来实现逐帧动画的效果。

选择"文件 > 导入 > 导入到舞台"命令，弹出"导入"对话框，在对话框中选中素材文件，如图 5-61 所示，单击"打开"按钮，弹出提示对话框，询问是否将图像序列中的所有图像导入，如图 5-62 所示。

单击"是"按钮，将图像序列导入到舞台中，如图 5-63 所示。按 Enter 键，让播放头进行播放，即可观看制作效果。

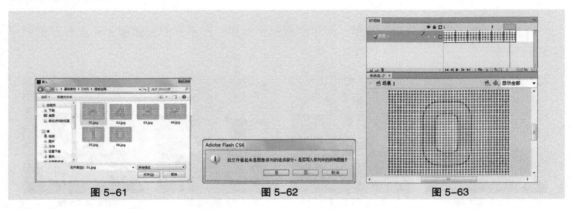

图 5-61　　　　　　　　　　　图 5-62　　　　　　　　　　　图 5-63

5.2　动画的创建

应用帧可以制作帧动画或逐帧动画，利用在不同帧上设置不同的对象来实现动画效果。

形状补间动画是使图形形状发生变化的动画，它所处理的对象必须是舞台上的图形。

动作补间动画所处理的对象必须是舞台上的组件实例、多个图形的组合、文字、导入的素材对象。利用这种动画，可以实现上述对象的大小、位置、旋转、颜色及透明度等变化效果。色彩变化动画是指对象没有动作和形状上的变化，只是在颜色上产生了变化。

命令介绍

逐帧动画：制作类似传统动画，每一个帧都是关键帧，整个动画是通过关键帧的不断变化产生的，不依靠 Flash CS6 的运算。需要绘制每一个关键帧中的对象，每个帧都是独立的，在画面上可以是互不相关的。

形状补间动画：可以实现由一种形状变换成另一种形状。

变形提示：如果对系统生成的变形效果不是很满意，也可应用 Flash CS6 中的变形提示点，自行设定变形效果。

动作补间动画：是指对象在位置上产生的变化。

5.2.1 课堂案例——制作弹跳动画

【案例学习目标】使用创建补间形状命令制作形状演变动画。

【案例知识要点】使用"椭圆"工具、"矩形"工具和"创建补间形状"命令，制作形状演变效果；使用"分散到图层"命令，将实例分散到独立层；使用"时间轴"面板，控制每个图层的出场顺序，如图 5-64 所示。

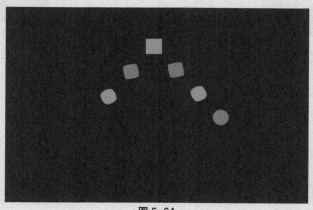

扫码观看
本案例视频

扫码观看
扩展案例

图 5-64

1. 制作形状补间动画

（1）选择"文件 > 新建"命令，在弹出的"新建文档"对话框中，选择"常规"选项卡中的"ActionScript 3.0"选项，将"宽"选项设为 600，"高"选项设为 400，"背景颜色"选项设为黑色（#262A35），单击"确定"按钮，完成文档的创建。

（2）按 Ctrl+F8 组合键，弹出"创建新元件"对话框，在"名称"选项的文本框中输入"粉色"，在"类型"选项的下拉列表中选择"影片剪辑"选项，如图 5-65 所示，单击"确定"按钮，新建影片剪辑元件"粉色"，如图 5-66 所示，舞台窗口也随之转换为影片剪辑元件的舞台窗口。

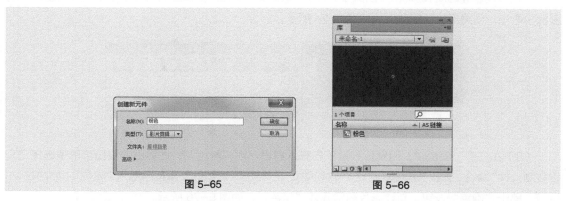

图 5-65   图 5-66

（3）选择"椭圆"工具 ⊙，在工具箱中将"笔触颜色"设为无，"填充颜色"设为粉色（#FD2D61），单击工具箱下方的"对象绘制"按钮 ⊙，按住 Shfit 键的同时，在舞台窗口中绘制 1 个圆形，如图 5-67 所示。选择"选择"工具 ▶，选中绘制的圆形，在绘制对象"属性"面板中，将"宽"选项和"高"选项均设为 32，"X"选项和"Y"选项均设为 0，如图 5-68 所示，效果如图 5-69 所示。

图 5-67　　　　　　　　　　　图 5-68　　　　　　　　　　　图 5-69

（4）按 Ctrl+C 组合键，将其复制。选中"图层 1"的第 15 帧，按 F7 键，插入空白关键帧，如图 5-70 所示。选择"矩形"工具▣，在工具箱中将"笔触颜色"设为无，"填充颜色"设为粉色（#FD2D61），按住 Shift 键的同时，在舞台窗口中绘制 1 个矩形。

（5）选择"选择"工具▶，选中绘制的圆形，在绘制对象"属性"面板中，将"宽"选项和"高"选项均设为 32，"X"选项设为 0，"Y"选项设为 −145，如图 5-71 所示，效果如图 5-72 所示。

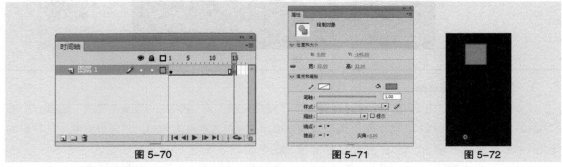

图 5-70　　　　　　　　　　　图 5-71　　　　　　　　　　　图 5-72

（6）选中"图层 1"的第 30 帧，按 F7 键，插入空白关键帧，如图 5-73 所示。按 Ctrl+Shift+V 组合键，将复制的图形原位粘贴到第 30 帧的舞台窗口中。

（7）分别用鼠标右键单击"图层 1"的第 1 帧、第 15 帧，在弹出的快捷菜单中选择"创建补间形状"命令，创建形状补间动画，如图 5-74 所示。

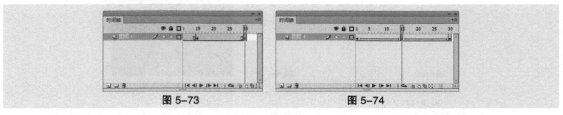

图 5-73　　　　　　　　　　　图 5-74

（8）在"库"面板中，用鼠标右键单击影片剪辑元件"粉色"，在弹出的快捷菜单中选择"直接复制元件"命令，弹出"直接复制元件"对话框，在"名称"选项的文本框中输入"绿色"，如图 5-75 所示，单击"确定"按钮，新建影片剪辑元件"绿色"，如图 5-76 所示。

（9）在"库"面板中双击影片剪辑元件"绿色"，进入影片剪辑元件的舞台窗口中。选中"图层 1"的第 1 帧，在工具箱中将"填充颜色"设为绿色（#08D9D6），效果如图 5-77 所示。选中"图层 1"的第 15 帧，在工具箱中将"填充颜色"设为绿色（#08D9D6），效果如图 5-78 所示。用相同的方法设置第 30 帧。

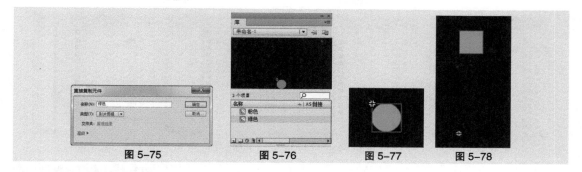

图 5-75   图 5-76   图 5-77   图 5-78

2. 制作出场顺序动画

（1）按 Ctrl+F8 组合键，弹出"创建新元件"对话框，在"名称"选项的文本框中输入"一起动"，在"类型"选项的下拉列表中选择"影片剪辑"选项，如图 5-79 所示，单击"确定"按钮，新建影片剪辑元件"一起动"，舞台窗口也随之转换为影片剪辑元件的舞台窗口。

（2）分别将"库"面板中的影片剪辑元件"粉色"和"绿色"拖曳到舞台窗口中，并放置在一条水平线上，如图 5-80 所示。

图 5-79   图 5-80

（3）选择"选择"工具▶，在舞台窗口中将"粉色"和"绿色"实例同时选中，如图 5-81 所示，按住 Alt 键的同时向右拖曳鼠标到适当的位置，复制实例，效果如图 5-82 所示。按 4 次 Ctrl+Y 组合键，将实例进行移动复制，效果如图 5-83 所示。

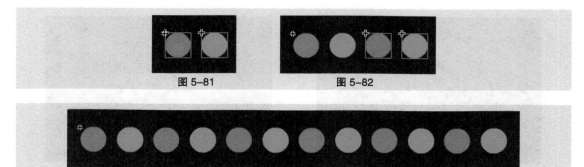

图 5-81   图 5-82

图 5-83

（4）在"时间轴"面板中选中"图层 1"，将该层中的对象全部选中，如图 5-84 所示。选择"修改 > 时间轴 > 分散到图层"命令，将该层中的对象分散到独立层，如图 5-85 所示。

（5）选中"图层 1"，如图 5-86 所示，单击"时间轴"面板下方的"删除"按钮 ，将"图层 1"删除，如图 5-87 所示。选中所有图层的第 30 帧，按 F5 键，插入普通帧，如图 5-88 所示。

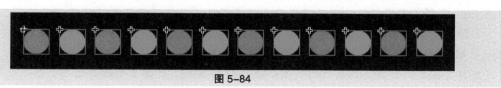

图 5-84

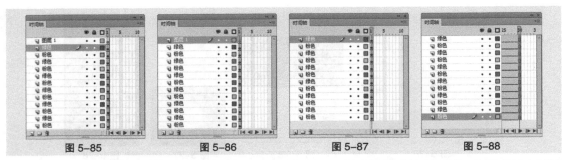

图 5-85　　　　　　　图 5-86　　　　　　　图 5-87　　　　　　　图 5-88

（6）在"时间轴"面板中选中最上方的"粉色"图层，选中该层中的所有帧，将所有帧向后拖曳至与上一图层隔 5 帧的位置，如图 5-89 所示。用同样的方法依次对其他图层进行操作，如图 5-90 所示。

图 5-89　　　　　　　　　　　　　　　　　图 5-90

（7）单击舞台窗口左上方的"场景 1"图标 ，进入"场景 1"的舞台窗口。将"图层 1"重新命名为"动画"。将"库"面板中的影片剪辑元件"一起动"拖曳到舞台窗口中并放置在适当的位置，如图 5-91 所示。弹跳动画效果制作完成，按 Ctrl+Enter 组合键即可查看效果，如图 5-92 所示。

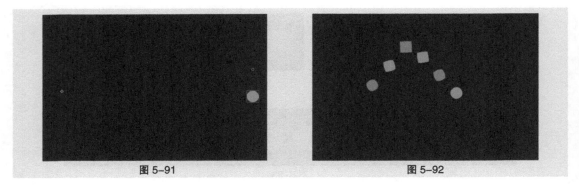

图 5-91　　　　　　　　　　　　　　　　　图 5-92

5.2.2　简单形状补间动画

如果舞台上的对象是组件实例、多个图形的组合、文字、导入的素材对象，必须先分离或取消组合，将其打散成图形，才能制作形状补间动画。利用这种动画，也可以实现上述对象的大小、位置、旋转、颜色及透明度等的变化。

选择"文件 > 导入 > 导入到舞台"命令，将"03.ai"文件导入到舞台的第 1 帧中。多次按 Ctrl+B 组合键，将其打散，如图 5-93 所示。

选中"图层 1"的第 10 帧，按 F7 键，插入空白关键帧，如图 5-94 所示。

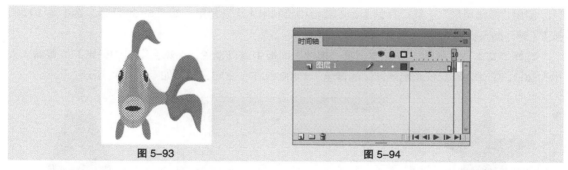

图 5-93　　　　　　　　　　　　　　　　图 5-94

　　选择"文件 > 导入 > 导入到库"命令，将"04.ai"文件导入到库中。将"库"面板中的图形元件"04"拖曳到第 10 帧的舞台窗口中，多次按 Ctrl+B 组合键，将其打散，如图 5-95 所示。

　　用鼠标右键单击第 1 帧，在弹出的快捷菜单中选择"创建补间形状"命令，如图 5-96 所示。

　　设为"形状"后，"属性"面板中出现以下两个新的选项。

　　"缓动"选项：用于设定变形动画从开始到结束时的变形速度，其取值范围为 −100 ~ 100。当选择正数时，变形速度呈减速度，即开始时速度快，然后逐渐速度减慢；当选择负数时，变形速度呈加速度，即开始时速度慢，然后逐渐速度加快。

　　"混合"选项：提供了"分布式"和"角形"两个选项。选择"分布式"选项可以使变形的中间形状趋于平滑，"角形"选项则创建包含角度和直线的中间形状。

　　设置完成后，在"时间轴"面板中，第 1 帧到第 10 帧之间出现绿色的背景和黑色的箭头，表示生成形状补间动画，如图 5-97 所示。按 Enter 键，让播放头进行播放，即可观看制作效果。

图 5-95　　　　　　　　　　图 5-96　　　　　　　　　　　　　图 5-97

　　在变形过程中每一帧上的图形都发生不同的变化，如图 5-98 所示。

（a）第 1 帧　　　（b）第 3 帧　　　（c）第 5 帧　　　（d）第 7 帧　　　（e）第 10 帧

图 5-98

5.2.3　应用变形提示

　　使用变形提示，可以让原图形上的某一点变换到目标图形的某一点上。应用变形提示可以制作出各种复杂的变形效果。

使用"多角星形"工具○在第1帧的舞台中绘制出1个五角星,如图5-99所示。选中第10帧,按F7键,插入空白关键帧,如图5-100所示。

选择"文本"工具T,在文本工具"属性"面板中进行设置,在舞台窗口中适当的位置输入大小为200、字体为"汉仪超粗黑简"的青色(＃#0099FF)文字,效果如图5-101所示。

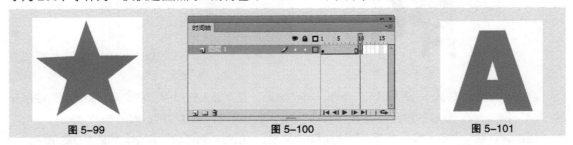

图 5-99　　　　　　　　　图 5-100　　　　　　　　　图 5-101

选择"选择"工具▶,选择字母"A",按Ctrl+B组合键,将其打散,效果如图5-102所示。用鼠标右键单击第1帧,在弹出的快捷菜单中选择"创建补间形状"命令,如图5-103所示,在"时间轴"面板中,第1帧至第10帧之间出现绿色的背景和黑色的箭头,表示生成形状补间动画,如图5-104所示。

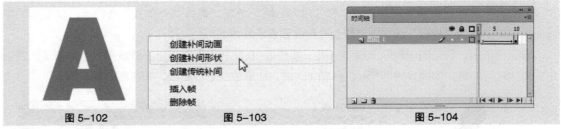

图 5-102　　　　　　　　　图 5-103　　　　　　　　　图 5-104

将"时间轴"面板中的播放头放在第1帧上,选择"修改 > 形状 > 添加形状提示"命令,或按Ctrl+Shift+H组合键,在五角星的中间出现红色的提示点"a",如图5-105所示。将提示点移动到五角星上方的角点上,如图5-106所示。将"时间轴"面板中的播放头放在第10帧上,第10帧的字母上也出现红色的提示点"a",如图5-107所示。

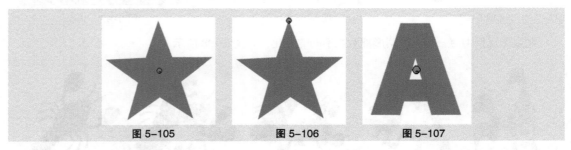

图 5-105　　　　　　　　　图 5-106　　　　　　　　　图 5-107

将字母上的提示点移动到右下方的边线上,提示点从红色变为绿色,如图5-108所示。这时,再将播放头放置在第1帧上,可以观察到刚才红色的提示点变为黄色,如图5-109所示,这表示在第1帧中的提示点和第10帧中的提示点已经相互对应。

用相同的方法在第1帧的五角星中再添加2个提示点,分别为"b""c",并将其放置在五角星的角点上,如图5-110所示。在第10帧中,将提示点按顺时针的方向分别设置在字母的边线上,如图5-111所示。完成提示点的设置,按Enter键,让播放头进行播放,即可观看效果。

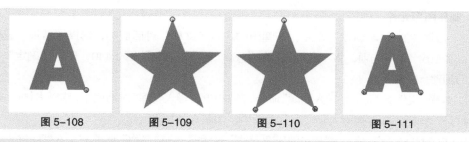

| 图 5-108 | 图 5-109 | 图 5-110 | 图 5-111 |

提 示: 形状提示点一定要按顺时针的方向添加,顺序不能错,否则无法实现效果。

在未使用变形提示前,Flash CS6 系统自动生成的图形变化过程如图 5-112 所示。

| (a)第 1 帧 | (b)第 3 帧 | (c)第 5 帧 | (d)第 7 帧 | (e)第 10 帧 |
| 图 5-112 |

在使用变形提示后,在提示点的作用下生成的图形变化过程如图 5-113 所示。

| (a)第 1 帧 | (b)第 3 帧 | (c)第 5 帧 | (d)第 7 帧 | (e)第 10 帧 |
| 图 5-113 |

5.2.4 课堂案例——制作汉堡广告

【案例学习目标】使用创建传统补间命令制作动画。

【案例知识要点】使用"导入"命令,导入素材制作图形元件;使用"变形"面板,改变实例图形大小;使用"创建传统补间"命令,创建传统补间动画;使用"属性"面板,改变实例图形的不透明度,如图 5-114 所示。

图 5-114

1. 制作图形元件

（1）选择"文件 > 新建"命令，在弹出的"新建文档"对话框中，选择"常规"选项卡中的"ActionScript 3.0"选项，将"宽"选项设为 800，"高"选项设为 440，单击"确定"按钮，完成文档的创建。

（2）选择"文件 > 导入 > 导入到库"命令，在弹出的"导入到库"对话框中，选择素材 01~04 文件，单击"打开"按钮，文件被导入到"库"面板中，如图 5-115 所示。

（3）按 Ctrl+F8 组合键，弹出"创建新元件"对话框，在"名称"选项的文本框中输入"底图"，在"类型"选项的下拉列表中选择"图形"选项，单击"确定"按钮，新建图形元件"底图"，如图 5-116 所示，舞台窗口也随之转换为图形元件的舞台窗口。将"库"面板中的位图"01"文件拖曳到舞台窗口中，并放置在适当的位置，如图 5-117 所示。

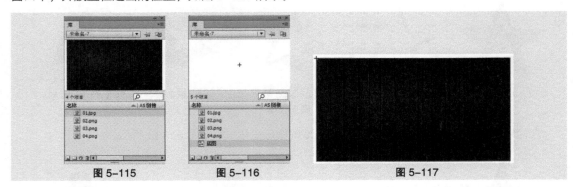

图 5-115　　　　　　图 5-116　　　　　　　　图 5-117

（4）新建图形元件"汉堡"，舞台窗口也随之转换为图形元件"汉堡"的舞台窗口。将"库"面板中的位图"02"文件拖曳到舞台窗口中，并放置在适当的位置，如图 5-118 所示。用相同的方法将位图"03"和"04"文件，分别制作成图形元件"文字 1"和"文字 2"，如图 5-119 和图 5-120 所示。

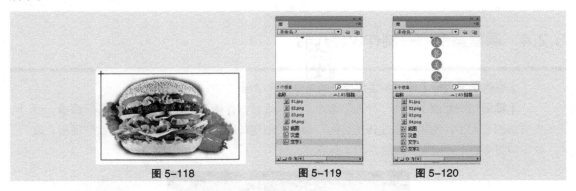

图 5-118　　　　　　　图 5-119　　　　　　图 5-120

2. 制作场景动画

（1）单击舞台窗口左上方的"场景 1"图标 ，进入"场景 1"的舞台窗口。将"图层 1"重新命名为"底图"。将"库"面板中的图形元件"底图"拖曳到舞台窗口中并放置在适当的位置，如图 5-121 所示。

（2）选中"底图"图层的第 10 帧，按 F6 键，插入关键帧，选中第 120 帧，按 F5 键，插入普通帧。选中第 1 帧，在舞台窗口中选中"底图"实例，在图形"属性"面板中选择"色彩效果"选项组，在"样式"选项的下拉列表中选择"Alpha"，并将其值设为 30%，如图 5-122 所示，效果如图 5-123 所示。

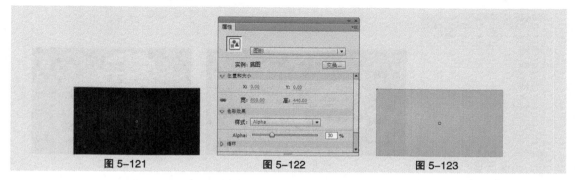

图 5-121　　　　　　　　　图 5-122　　　　　　　　　图 5-123

（3）用鼠标右键单击"底图"图层的第 1 帧，在弹出的快捷菜单中选择"创建传统补间"命令，生成传统补间动画，如图 5-124 所示。

（4）在"时间轴"面板中创建新图层并将其命名为"汉堡"。选中"汉堡"图层的第 10 帧，按 F6 键，插入关键帧。将"库"面板中的图形元件"汉堡"拖曳到舞台窗口中，并放置在适当的位置，如图 5-125 所示。

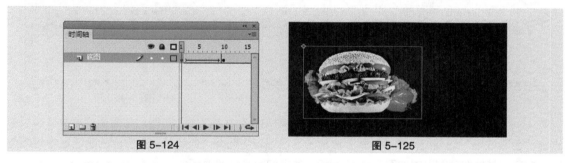

图 5-124　　　　　　　　　　　图 5-125

（5）分别选中"汉堡"图层的第 20 帧、第 30 帧、第 40 帧，按 F6 键，插入关键帧。选中"汉堡"图层的第 10 帧，按 Ctrl+T 组合键，弹出"变形"面板，将"缩放宽度"选项和"缩放高度"选项均设为 50%，如图 5-126 所示，效果如图 5-127 所示。在舞台窗口中将"汉堡"实例垂直向上拖曳到适当的位置，如图 5-128 所示。

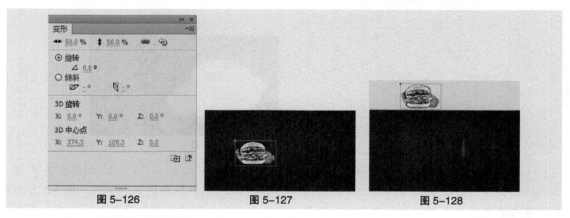

图 5-126　　　　　　　　　图 5-127　　　　　　　　　图 5-128

（6）选中"汉堡"图层的第 30 帧，在"变形"面板中，将"缩放宽度"选项和"缩放高度"选项均设为 80%，如图 5-129 所示，效果如图 5-130 所示。在舞台窗口中将"汉堡"实例垂直向上拖曳到适当的位置，如图 5-131 所示。

图 5-129

图 5-130

图 5-131

（7）分别用鼠标右键单击"汉堡"图层的第 10 帧、第 20 帧、第 30 帧，在弹出的快捷菜单中选择"创建传统补间"命令，生成传统补间动画，如图 5-132 所示。

（8）分别选中"汉堡"图层的第 50 帧、第 51 帧、第 54 帧、第 55 帧、第 58 帧、第 59 帧、第 62 帧、第 63 帧、第 66 帧和第 67 帧，按 F6 键，插入关键帧，如图 5-133 所示。

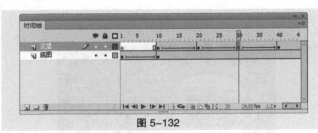
图 5-132

图 5-133

（9）选中"汉堡"图层的第 50 帧，在舞台窗口中选中"汉堡"实例，在图形"属性"面板中选择"色彩效果"选项组，在"样式"选项的下拉列表中选择"色调"，在右侧的颜色框中将颜色设为白色，其他选项的设置如图 5-134 所示，效果如图 5-135 所示。

（10）用上述的方法分别对"汉堡"图层的第 54 帧、第 58 帧、第 62 帧和第 66 帧中的对象进行设置。

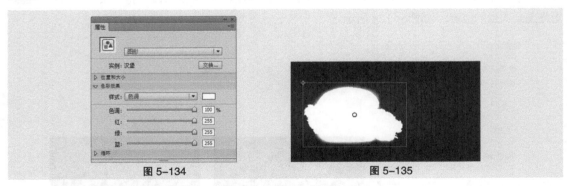
图 5-134　　　　　　　　　　　图 5-135

（11）在"时间轴"面板中创建新图层并将其命名为"文字 1"。选中"文字 1"图层的第 40 帧，按 F6 键，插入关键帧。将"库"面板中的图形元件"文字 1"拖曳到舞台窗口中，并放置在适当的位置，如图 5-136 所示。

（12）选中"文字 1"图层的第 55 帧，按 F6 键，插入关键帧。选中"文字 1"图层的第 40 帧，在舞台窗口中将"文字 1"实例水平向右拖曳到适当的位置，如图 5-137 所示。用鼠标右键单击"文字 1"图层的第 40 帧，在弹出的快捷菜单中选择"创建传统补间"命令，生成传统补间动画。

图 5-136

图 5-137

（13）在"时间轴"面板中创建新图层并将其命名为"文字2"。选中"文字2"图层的第55帧，按F6键，插入关键帧。将"库"面板中的图形元件"文字2"拖曳到舞台窗口中，并放置在适当的位置，如图5-138所示。

（14）选中"文字1"图层的第70帧，按F6键，插入关键帧。选中"文字2"图层的第55帧，在舞台窗口中将"文字2"实例垂直向上拖曳到适当的位置，如图5-139所示。用鼠标右键单击"文字2"图层的第55帧，在弹出的快捷菜单中选择"创建传统补间"命令，生成传统补间动画。汉堡广告效果制作完成，按Ctrl+Enter组合键即可查看效果，如图5-140所示。

图 5-138　　　　　　　　图 5-139　　　　　　　　图 5-140

5.2.5　创建传统补间

新建空白文档，选择"文件 > 导入 > 导入到库"命令，将"05"文件导入到"库"面板中，如图5-141所示，将图形元件"05"拖曳到舞台的右侧，如图5-142所示。

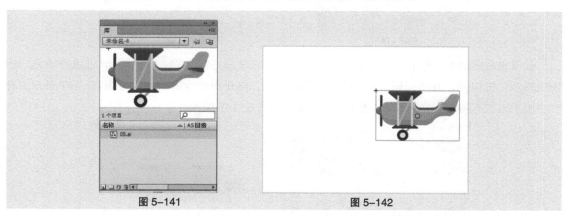
图 5-141　　　　　　　　　　　　图 5-142

选中"图层1"的第10帧，按F6键，插入关键帧，如图5-143所示。在舞台窗口中将飞机图形拖曳到舞台的左侧，如图5-144所示。

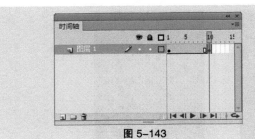

图 5-143

图 5-144

用鼠标右键单击第 1 帧，在弹出的快捷菜单中选择"创建传统补间"命令，创建传统补间动画。

设为"动画"后，"属性"面板中出现多个新的选项，如图 5-145 所示。

"缓动"选项：用于设定动作补间动画从开始到结束时的运动速度。其取值范围为 –100 ~ 100。当选择正数时，运动速度呈减速，即开始时速度快，然后逐渐速度减慢；当选择负数时，运动速度呈加速，即开始时速度慢，然后逐渐速度加快。

"旋转"选项：用于设置对象在运动过程中的旋转样式和次数。

"贴紧"选项：勾选此选项，如果使用运动引导动画，则根据对象的中心点将其吸附到运动路径上。

"调整到路径"选项：勾选此选项，对象在运动引导动画过程中，可以根据引导路径的曲线改变变化的方向。

"同步"选项：勾选此选项，如果对象是一个包含动画效果的图形组件实例，其动画和主时间轴同步。

"缩放"选项：勾选此选项，对象在动画过程中可以改变比例。

在"时间轴"面板中，第 1 帧至第 10 帧出现紫色的背景和黑色的箭头，表示生成传统补间动画，如图 5-146 所示，完成动作补间动画的制作。按 Enter 键，让播放头进行播放，即可观看制作效果。

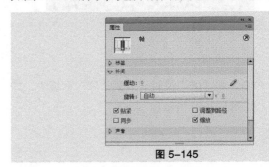

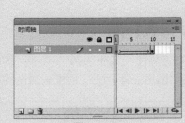

图 5-145

图 5-146

如果想观察制作的动作补间动画中每 1 帧产生的不同效果，可以单击"时间轴"面板下方的"绘图纸外观"按钮，并将标记点的起始点设为第 1 帧，终止点设为第 10 帧，如图 5-147 所示。舞台中显示出在不同的帧中，图形位置的变化效果，如图 5-148 所示。

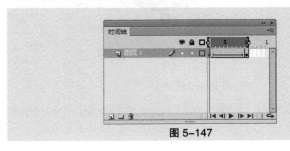

图 5-147

图 5-148

如果在帧"属性"面板中，将"旋转"选项设为"逆时针"，如图5-149所示，那么在不同的帧中，图形位置的变化效果如图5-150所示。

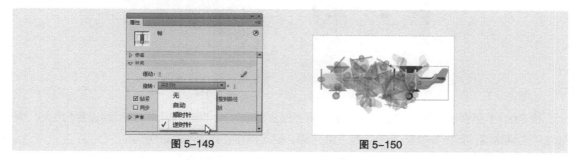

图 5-149　　　　　　　　　　　　　　图 5-150

还可以在对象的运动过程中改变其大小、透明度等，下面进行介绍。

选择"文件 > 打开"命令，在弹出的"打开"对话框中，选择"基础素材 > Ch05 > 06.fla"文件，单击"打开"按钮，打开文件，如图5-151所示。

选择"文件 > 导入 > 导入到库"命令，将"07"文件导入"库"面板中，如图5-152所示。在"时间轴"面板中创建新图层并将其命名为"幸运球"。将"库"面板中的图形元件"07"拖曳到舞台窗口的中心位置，如图5-153所示。

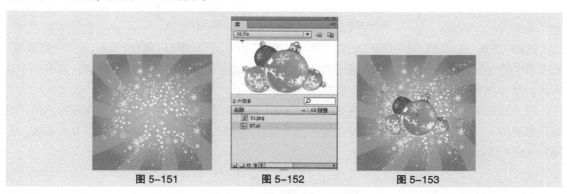

图 5-151　　　　　　　　　图 5-152　　　　　　　　　图 5-153

在"时间轴"面板中，用鼠标右键单击"幸运球"图层的第20帧，在弹出的快捷菜单中选择"插入关键帧"命令，在第20帧上插入一个关键帧，如图5-154所示。选择"任意变形"工具 ，在舞台中单击幸运球图形，出现变形控制点，如图5-155所示。

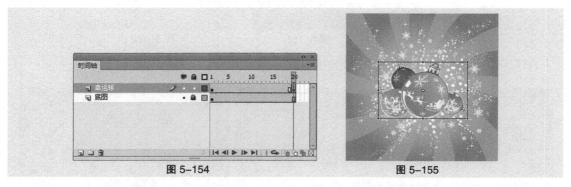

图 5-154　　　　　　　　　　　　　　　图 5-155

将鼠标光标放在左侧的控制点上，光标变为双箭头 ↔，按住鼠标不放，选中控制点向右拖曳，将图形水平翻转，如图5-156所示。松开鼠标后效果如图5-157所示。

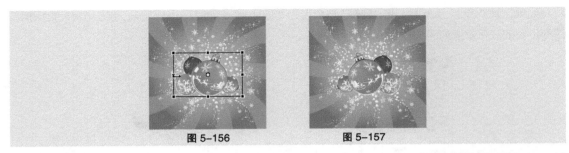

图 5-156　　　　　　　　　　　　图 5-157

按 Ctrl+T 组合键，弹出"变形"面板，将"缩放宽度"和"缩放高度"选项均设置为 130，其他选项为默认值，如图 5-158 所示。按 Enter 键，确定操作，如图 5-159 所示。

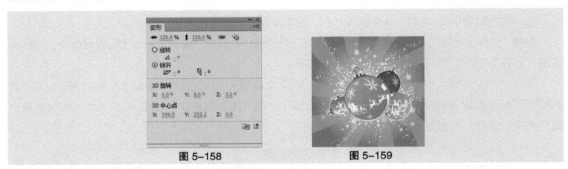

图 5-158　　　　　　　　　　　　图 5-159

选择"选择"工具，选中图形，选择"窗口 > 属性"命令，弹出图形"属性"面板，在"色彩效果"选项组中的"样式"选项的下拉列表中选择"Alpha"，将下方的"Alpha 数量"选项设为 40，如图 5-160 所示。舞台中图形的不透明度被改变，如图 5-161 所示。

在"时间轴"面板中，用鼠标右键单击"幸运球"图层的第 1 帧，在弹出的快捷菜单中选择"创建传统补间"命令，第 1 帧～第 20 帧之间生成动作补间动画，如图 5-162 所示。按 Enter 键，让播放头进行播放，即可观看制作效果。

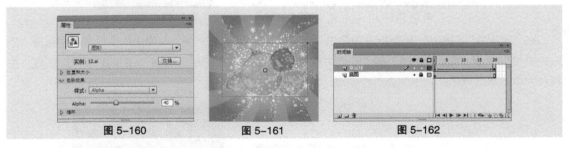

图 5-160　　　　　　　　　图 5-161　　　　　　　　　图 5-162

在不同的关键帧中，图形的动作变化效果如图 5-163 所示。

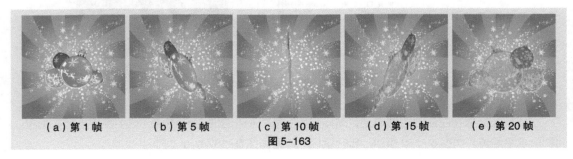

（a）第 1 帧　　　（b）第 5 帧　　　（c）第 10 帧　　　（d）第 15 帧　　　（e）第 20 帧

图 5-163

5.3 使用动画预设

动画预设是预配置的补间动画，可以将它们应用于舞台上的对象。用户只需选择对象并单击"动画预设"面板中的"应用"按钮，即可为选中的对象添加动画效果。

使用动画预设是学习在 Flash 中添加动画的基础知识的快捷方法。一旦了解了预设的工作方式后，自己制作动画就非常容易了。

用户可以创建并保存自己的自定义预设。它可以来自已修改的现有动画预设，也可以来自用户自己创建的自定义补间动画。

使用"动画预设"面板，还可导入和导出预设。用户可以与协作人员共享预设，或利用由 Flash 设计社区成员共享的预设。

命令介绍

预览动画预设：可以预览动画预设中的选项效果。

应用动画预设：给选定的对象添加动画预设效果。

自定义动画预设：可以将自己创建的补间另存为自定义动画预设。

导入和导出预设：可以将预设导出或导入"动画预设"面板中。

5.3.1　课堂案例——制作运动鞋促销海报

【案例学习目标】使用不同的预设命令制作动画效果。

【案例知识要点】使用"导入"命令，导入素材制作图形元件；使用"从顶部飞入""从底部飞入""从左边飞入""从右边飞入"和"脉搏"预设，制作运动鞋促销海报动画效果，如图 5-164 所示。

扫码观看
本案例视频

扫码观看
扩展案例

图 5-164

1. 创建图形元件

（1）选择"文件 > 新建"命令，在弹出的"新建文档"对话框中，选择"常规"选项卡中的"ActionScript 3.0"选项，将"宽"选项设为 800，"高"选项设为 600，单击"确定"按钮，完成文档的创建。

（2）选择"文件 > 导入 > 导入到库"命令，在弹出的"导入到库"对话框中选择素材 01 ~ 05 文件，单击"打开"按钮，文件被导入"库"面板中，如图 5-165 所示。

（3）按 Ctrl+F8 组合键，弹出"创建新元件"对话框，在"名称"选项的文本框中输入"logo"，在"类型"选项的下拉列表中选择"图形"选项，单击"确定"按钮，新建图形元件"logo"，如图 5-166 所示，舞台窗口也随之转换为图形元件的舞台窗口。

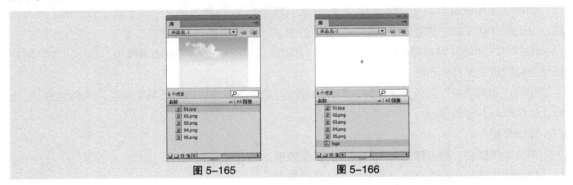

图 5-165   图 5-166

（4）选择"文本"工具 T ，在文本工具"属性"面板中进行设置，在舞台窗口中适当的位置输入大小为 40、字体为"方正字迹—邢体草书简体"的绿色（ #54a94d ）英文，文字效果如图 5-167 所示。

（5）新建图形元件"天空"，舞台窗口也随之转换为图形元件"天空"的舞台窗口。将"库"面板中的位图"01"文件拖曳到舞台窗口中，如图 5-168 所示。

（6）用相同的方法将"库"面板中的位图"02""03""04""05"文件，分别制作成图形元件"草地""文字""鞋子""音乐符"，如图 5-169 所示。

图 5-167   图 5-168   图 5-169

2．制作场景动画

（1）单击舞台窗口左上方的"场景 1"图标 场景1，进入"场景 1"的舞台窗口。将"图层 1"重命名为"天空"，如图 5-170 所示。将"库"面板中的图形元件"天空"拖曳到舞台窗口中，并放置在适当的位置，如图 5-171 所示。

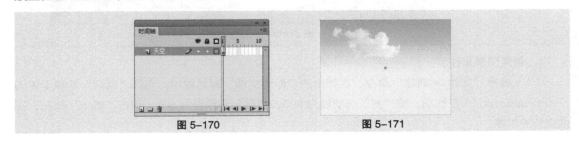

图 5-170   图 5-171

（2）保持"天空"实例的选取状态，选择"窗口 > 动画预设"命令，弹出"动画预设"面板，如图 5-172 所示，单击"默认预设"文件夹前面的倒三角，展开默认预设，如图 5-173 所示。

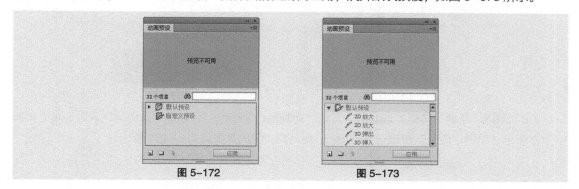

图 5-172   图 5-173

（3）在"动画预设"面板中，选择"从顶部飞入"选项，如图 5-174 所示，单击"应用"按钮 ▢ 应用，舞台窗口中的效果如图 5-175 所示。

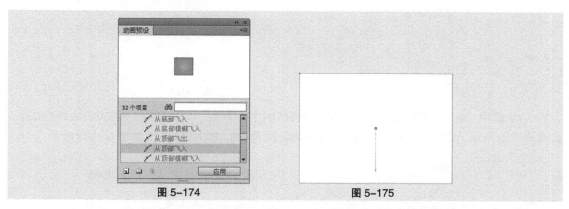

图 5-174   图 5-175

（4）选中"天空"图层的第 1 帧，在舞台窗口中将"天空"实例垂直向上拖曳到适当的位置，如图 5-176 所示。选中"天空"图层的第 24 帧，在舞台窗口中将"天空"实例垂直向上拖曳到适当的位置，如图 5-177 所示。选中"天空"图层的第 180 帧，按 F5 键，插入普通帧。

图 5-176   图 5-177

（5）在"时间轴"面板中创建新图层并将其命名为"草地"。选中"草地"图层的第 24 帧，按 F6 键，插入关键帧，如图 5-178 所示。将"库"面板中的图形元件"草地"拖曳到舞台窗口中，并放置在适当的位置，如图 5-179 所示。

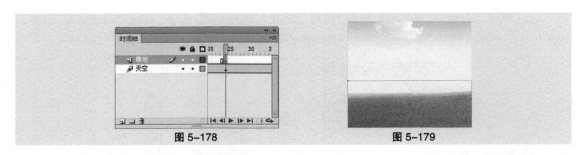

图 5-178   图 5-179

（6）保持"草地"实例的选取状态，在"动画预设"面板中，选择"从底部飞入"选项，如图
5-180 所示，单击"应用"按钮 　应用　，舞台窗口中的效果如图 5-181 所示。

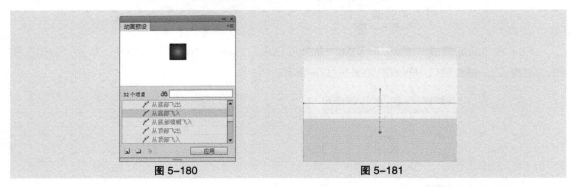

图 5-180   图 5-181

（7）选中"草地"图层的第 47 帧，在舞台窗口中将"草地"实例垂直向下拖曳到适当的位置，
如图 5-182 所示。选中"草地"图层的第 180 帧，按 F5 键，插入普通帧，如图 5-183 所示。

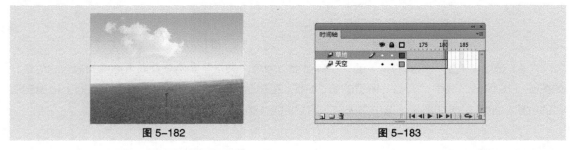

图 5-182   图 5-183

（8）在"时间轴"面板中创建新图层并将其命名为"鞋子"。选中"鞋子"图层的第 47 帧，
按 F6 键，插入关键帧。将"库"面板中的图形元件"鞋子"拖曳到舞台窗口中，并放置在适当的位置，
如图 5-184 所示。

（9）保持"鞋子"实例的选取状态，在"动画预设"面板中，选择"从左边飞入"选项，单击"应
用"按钮 　应用　，舞台窗口中的效果如图 5-185 所示。

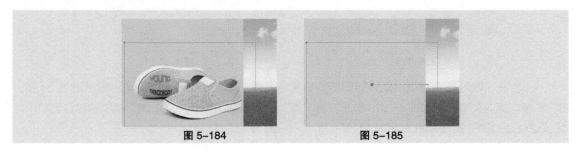

图 5-184   图 5-185

（10）选中"鞋子"图层的第 70 帧，在舞台窗口中将"鞋子"实例水平向右拖曳到适当的位置，如图 5-186 所示。选中"鞋子"图层的第 180 帧，按 F5 键，插入普通帧，如图 5-187 所示。

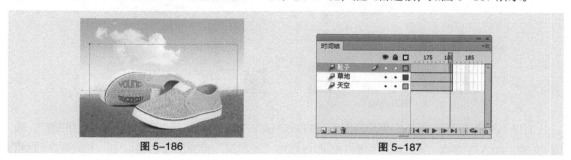

图 5-186　　　　　　　　　　　　　图 5-187

（11）在"时间轴"面板中创建新图层并将其命名为"文字"。选中"文字"图层的第 55 帧，按 F6 键，插入关键帧。将"库"面板中的图形元件"文字"拖曳到舞台窗口中，并放置在适当的位置，如图 5-188 所示。

（12）保持"文字"实例的选取状态，在"动画预设"面板中，选择"从右边飞入"选项，单击"应用"按钮　应用，舞台窗口中的效果如图 5-189 所示。

图 5-188　　　　　　　　　　　　　图 5-189

（13）选中"文字"图层的第 78 帧，在舞台窗口中将"文字"实例水平向左拖曳到适当的位置，如图 5-190 所示。选中"文字"图层的第 180 帧，按 F5 键，插入普通帧。

（14）在"时间轴"面板中创建新图层并将其命名为"logo"。选中"logo"图层的第 65 帧，按 F6 键，插入关键帧。将"库"面板中的图形元件"logo"拖曳到舞台窗口中，并放置在适当的位置，如图 5-191 所示。

图 5-190　　　　　　　　　　　　　图 5-191

（15）保持"logo"实例的选取状态，在"动画预设"面板中，选择"从顶部飞入"选项，单击"应用"按钮　应用，舞台窗口中的效果如图 5-192 所示。

（16）选中"logo"图层的第 88 帧，在舞台窗口中将"logo"实例垂直向上拖曳到适当的位置，如图 5-193 所示。选中"logo"图层的第 180 帧，按 F5 键，插入普通帧。

图 5-192   图 5-193

（17）在"时间轴"面板中创建新图层并将其命名为"音乐符"。选中"音乐符"图层的第70帧，按F6键，插入关键帧。将"库"面板中的图形元件"音乐符"拖曳到舞台窗口中，并放置在适当的位置，如图5-194所示。

（18）保持"音乐符"实例的选取状态，在"动画预设"面板中，选择"脉搏"选项，如图5-195所示，单击"应用"按钮 ___应用___，应用预设样式。

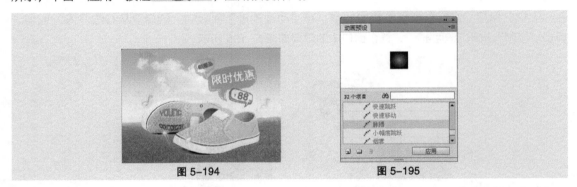

图 5-194   图 5-195

（19）选中"音乐符"图层的第180帧，按F5键，插入普通帧，如图5-196所示。运动鞋促销海报效果制作完成，按Ctrl+Enter组合键即可查看效果，如图5-197所示。

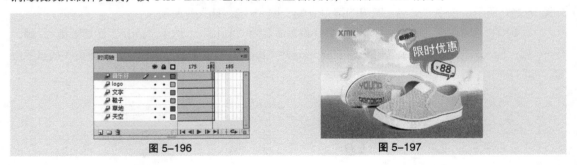

图 5-196   图 5-197

5.3.2 预览动画预设

Flash的每个动画预设都包括预览，可在"动画预设"面板中查看其预览。通过预览，用户可以了解在将动画应用于FLA文件中的对象时所获得的结果。对于用户创建或导入的自定义预设，可以添加自己的预览。

选择"窗口 > 动画预设"命令，弹出"动画预设"面板，如图5-198所示。单击"默认预设"文件夹前面的倒三角，展开默认预设选项，选择其中一个默认的预设选项，即可预览默认动画预设，如图5-199所示。要停止预览播放，在"动画预设"面板外单击鼠标即可。

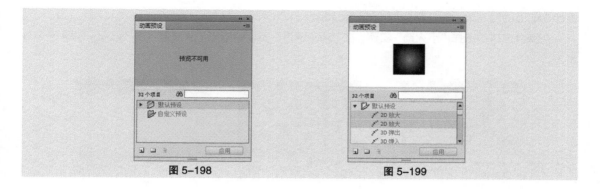

图 5-198　　　　　　　　　　　　　　图 5-199

5.3.3　应用动画预设

在舞台上选中可补间的对象（元件实例或文本字段）后，可通过单击"应用"按钮来应用预设。每个对象只能应用一个预设。如果将第二个预设应用于相同的对象，则第二个预设将替换第一个预设。

一旦将预设应用于舞台上的对象后，在时间轴中创建的补间就不再与"动画预设"面板有任何关系了。在"动画预设"面板中删除或重命名某个预设对以前使用该预设创建的所有补间没有任何影响。如果在面板中的现有预设上保存新预设，它对使用原始预设创建的任何补间没有影响。

每个动画预设都包含特定数量的帧。在应用预设时，在时间轴中创建的补间范围将包含此数量的帧。如果目标对象已应用了不同长度的补间，补间范围将进行调整，以符合动画预设的长度。可在应用预设后调整时间轴中补间范围的长度。

包含 3D 动画的动画预设只能应用于影片剪辑实例。已补间的 3D 属性不适用于图形或按钮元件，也不适用于文本字段。可以将 2D 或 3D 动画预设应用于任何 2D 或 3D 影片剪辑。

> **提 示：**如果动画预设对 3D 影片剪辑的 z 轴位置进行了动画处理，则该影片剪辑在显示时也会改变其 x 和 y 位置。这是因为，z 轴上的移动是沿着从 3D 消失点（在 3D 元件实例属性检查器中设置）辐射到舞台边缘的不可见透视线执行的。

选择"文件 > 打开"命令，在弹出的"打开"对话框中，选择"基础素材 > Ch05 > 08"文件，单击"打开"按钮，打开文件，效果如图 5-200 所示。

在"时间轴"面板中创建新图层并将其命名为"火箭"。将"库"面板中的图形元件"小火箭"拖曳到舞台窗口中，并放置在适当的位置，如图 5-201 所示。

图 5-200　　　　　　　　　　　　　　图 5-201

选择"窗口 > 动画预设"命令，弹出"动画预设"面板，如图 5-202 所示。单击"默认预设"

文件夹前面的倒三角，展开默认预设选项，如图 5-203 所示。

在舞台窗口中选择"小火箭"实例，在"动画预设"面板中选择"从顶部飞出"选项，如图 5-204 所示。

图 5-202   图 5-203   图 5-204

单击"动作预设"面板右下角的"应用"按钮，为"小火箭"实例添加动画预设，舞台窗口中的效果如图 5-205 所示，"时间轴"面板的效果如图 5-206 所示。

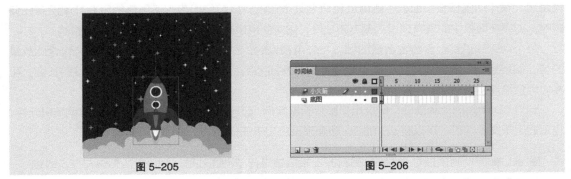

图 5-205   图 5-206

选中"小火箭"图层的第 24 帧，在舞台窗口中将"小火箭"垂直向上拖曳到适当的位置，如图 5-207 所示。选中"底图"图层的第 24 帧，按 F5 键，插入普通帧，如图 5-208 所示。

图 5-207   图 5-208

按 Ctrl+Enter 组合键，测试动画效果，在动画中小火箭会自下向上由实至虚地消失。

5.3.4　将补间另存为自定义动画预设

如果用户想对自己创建的补间，或对从"动画预设"面板应用的补间进行更改，可将它另存为新的动画预设。新预设将显示在"动画预设"面板中的"自定义预设"文件夹中。

选择"椭圆"工具 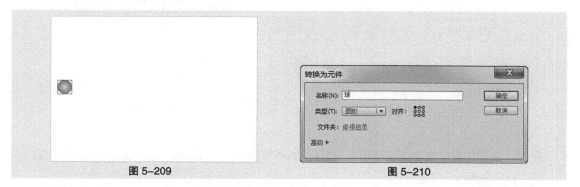，在工具箱中，将"笔触颜色"设为无，"填充颜色"设为渐变色，在舞台窗口中绘制 1 个圆形，如图 5-209 所示。

选择"选择"工具，在舞台窗口中选中圆形，按 F8 键，弹出"转换为元件"对话框，在"名称"选项的文本框中输入"球"，在"类型"选项的下拉列表中选择"图形"，如图 5-210 所示，单击"确定"按钮，将圆形转换为图形元件。

图 5-209　　　　　　　　　　　图 5-210

用鼠标右键单击"球"实例，在弹出的快捷菜单中选择"创建补间动画"命令，生成补间动画效果，"时间轴"面板如图 5-211 所示。在舞台窗口中，将"球"实例向右拖曳到适当的位置，如图 5-212 所示。

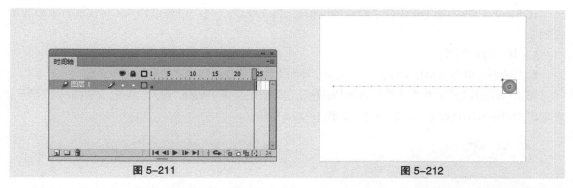

图 5-211　　　　　　　　　　　图 5-212

选择"选择"工具，将光标放置在运动路线上，当光标变为时，单击鼠标并向下拖曳到适当的位置，将运动路线调为弧线，效果如图 5-213 所示。

选中舞台窗口中的"球"实例，单击"动画预设"面板左下方的"将选区另存为预设"按钮，弹出"将预设另存为"对话框，如图 5-214 所示。

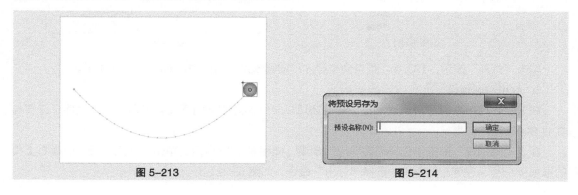

图 5-213　　　　　　　　　　　图 5-214

在"预设名称"选项的文本框中输入一个名称，如图 5-215 所示，单击"确定"按钮，完成另存为预设效果，"动画预设"面板如图 5-216 所示。

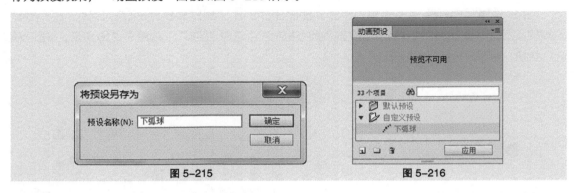

图 5-215   图 5-216

> **提示：** 动画预设只能包含补间动画。传统补间不能保存为动画预设。自定义的动画预设存储
> 在"自定义预设"文件夹中。

5.3.5　导入和导出动画预设

在 Flash CS6 中动画预设除了默认预设和自定义预设外，还可以通过导入和导出的方式添加动画预设。

1. 导入动画预设

动画预设存储为 XML 文件，导入 XML 补间文件可将其添加到"动画预设"面板。

单击"动画预设"面板右上角的选项按钮，在弹出的菜单中选择"导入"命令，如图 5-217 所示，在弹出的对话框中选择要导入的文件，如图 5-218 所示。

图 5-217   图 5-218

单击"打开"按钮，123.xml 预设会被导入"动画预设"面板中，如图 5-219 所示。

2. 导出动画预设

在 Flash CS6 中除了导入动画预设外，还可以将制作好的动画预设导出为 XML 文件，以便与其他 Flash 用户共享。

在"动画预设"面板中选择需要导出的预设，如图 5-220 所示，单击"动画预设"面板右上角的选项按钮，在弹出的菜单中选择"导出"命令，如图 5-221 所示。

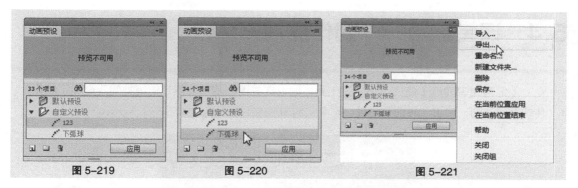

图 5-219   图 5-220   图 5-221

在弹出的"另存为"对话框中，为 XML 文件选择保存位置及输入名称，如图 5-222 所示，单击"保存"按钮即可完成导出预设。

图 5-222

5.3.6   删除动画预设

可从"动画预设"面板中删除预设。在删除预设时，Flash 将从磁盘中删除其 XML 文件。

在"动画预设"面板中选择需要删除的预设，如图 5-223 所示，单击面板下方的"删除项目"按钮，系统将会弹出"删除预设"对话框，如图 5-224 所示，单击"删除"按钮，即可将选中的预设删除。

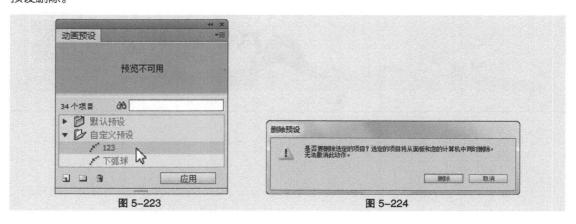

图 5-223   图 5-224

提示： 在删除预设时"默认预设"文件夹中的预设是删除不掉的。

5.4 课堂练习——制作房地产广告

【练习知识要点】使用"文本"工具，输入广告语；使用"创建传统补间"命令，制作传统补间动画；使用"属性"面板，改变实例图形的不透明度，如图 5-225 所示。

扫码观看
本案例视频

图 5-225

5.5 课后习题——制作小松鼠动画

【习题知识要点】使用"导入到舞台"命令，导入松鼠的序列图；使用"时间轴"面板，制作逐帧动画；使用"创建传统补间"命令，制作松鼠运动效果；使用"变形"面板，改变图形的大小，如图 5-226 所示。

扫码观看
本案例视频

图 5-226

06

第6章

高级动画

▶ 本章介绍

　　层在 Flash CS6 中有着举足轻重的作用。只有掌握层的概念和熟练应用不同性质的层，才有可能真正成为 Flash 高手。本章详细介绍层的应用技巧，以及如何使用不同性质的层来制作高级动画。通过学习，读者要了解并掌握层的强大功能，并能充分利用层来为自己的动画设计作品增光添彩。

学习目标

- 掌握层的基本操作
- 掌握引导层和运动引导层动画的制作方法
- 掌握遮罩层的使用方法和应用技巧
- 熟练运用分散到图层功能编辑对象
- 了解场景动画的创建和编辑方法

技能目标

- 掌握"电商广告"的制作方法和技巧
- 掌握"电压力锅广告"的制作方法和技巧
- 掌握"摄影页面"的制作方法和技巧

慕课视频
高级动画

图层类似于叠在一起的透明纸，下面图层中的内容可以通过上面图层中不包含内容的区域透过来。除普通图层，还有一种特殊类型的图层——引导层。在引导层中，可以像其他层一样绘制各种图形和引入元件等，但最终发布时引导层中的对象不会显示出来。

命令介绍

添加传统运动引导层：如果希望创建按照任意轨迹运动的动画，就需要添加运动引导层。

分散到图层：可以将同一图层上的多个对象分配到不同的图层中并为图层命名。如果对象是元件或位图，那么新图层的名字将按其原有的名字命名。

6.1.1 课堂案例——制作电商广告

【案例学习目标】使用添加传统运动引导层命令添加引导层。

【案例知识要点】使用"添加传统运动引导层"命令，添加引导层；使用"钢笔"工具，绘制曲线条；使用"创建传统补间"命令，制作花瓣飘落动画效果，如图 6-1 所示。

图 6-1

扫码观看
本案例视频

扫码观看
扩展案例

1. 导入素材制作图形元件

（1）选择"文件 > 新建"命令，在弹出的"新建文档"对话框中，选择"常规"选项卡中的"ActionScript 3.0"选项，将"宽"选项设为 800，"高"选项设为 250，单击"确定"按钮，完成文档的创建。

（2）选择"文件 > 导入 > 导入到库"命令，在弹出的"导入到库"对话框中，选择素材 01~06 文件，单击"打开"按钮，将文件导入"库"面板中，如图 6-2 所示。

（3）按 Ctrl+F8 组合键，弹出"创建新元件"对话框，在"名称"选项的文本框中输入"花瓣1"，在"类型"选项的下拉列表中选择"图形"选项，单击"确定"按钮，新建图形元件"花瓣 1"，如图 6-3 所示，舞台窗口也随之转换为图形元件的舞台窗口。将"库"面板中的位图"02"文件拖曳到舞台窗口中，如图 6-4 所示。

（4）用相同的方法将"库"面板中的位图"03""04""05"和"06"文件，分别制作成图形元件"花瓣 2""花瓣 3""花瓣 4"和"花瓣 5"，如图 6-5 所示。

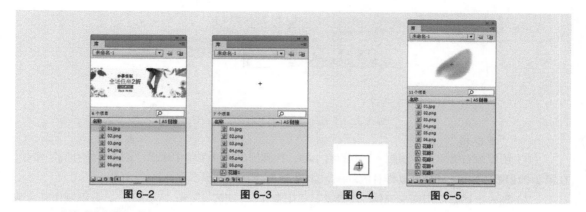

| 图 6-2 | 图 6-3 | 图 6-4 | 图 6-5 |

2. 制作影片剪辑元件

（1）按 Ctrl+F8 组合键，弹出"创建新元件"对话框，在"名称"选项的文本框中输入"花瓣动1"，在"类型"选项的下拉列表中选择"影片剪辑"选项，如图 6-6 所示，单击"确定"按钮，新建影片剪辑元件"花瓣动1"，舞台窗口也随之转换为影片剪辑元件的舞台窗口。

（2）在"图层 1"上单击鼠标右键，在弹出的快捷菜单中选择"添加传统运动引导层"命令，为"图层 1"添加运动引导层，如图 6-7 所示。

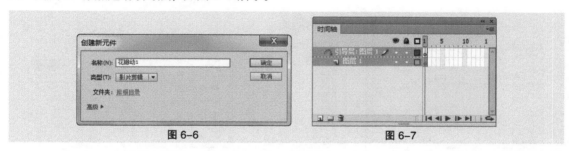

| 图 6-6 | 图 6-7 |

（3）选择"铅笔"工具，在工具箱中将"笔触颜色"设为红色（#FF0000），选中工具箱下方"选项"选项组中的"平滑"按钮，在引导层上绘制出 1 条曲线，如图 6-8 所示。选中引导层的第 40 帧，按 F5 键，插入普通帧，如图 6-9 所示。

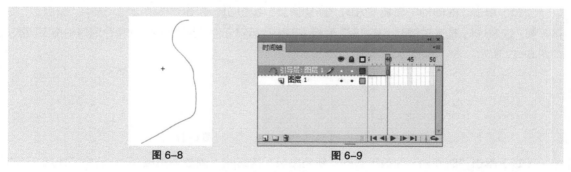

| 图 6-8 | 图 6-9 |

（4）选中"图层 1"的第 1 帧，将"库"面板中的图形元件"花瓣 1"拖曳到舞台窗口中并将其放置在曲线上方的端点上，效果如图 6-10 所示。

（5）选中"图层 1"的第 40 帧，按 F6 键，插入关键帧，如图 6-11 所示。选择"选择"工具，在舞台窗口中将"花瓣 1"实例移动到曲线下方的端点上，效果如图 6-12 所示。

图 6-10 图 6-11 图 6-12

（6）用鼠标右键单击"图层 1"中的第 1 帧，在弹出的快捷菜单中选择"创建传统补间"命令，在第 1 帧和第 40 帧之间生成动作补间动画，如图 6-13 所示。

（7）通过上述方法用图形元件"花瓣 2""花瓣 3""花瓣 4"和"花瓣 5"，分别制作影片剪辑元件"花瓣动 2""花瓣动 3""花瓣动 4"和"花瓣动 5"，如图 6-14 所示。

（8）按 Ctrl+F8 组合键，弹出"创建新元件"对话框，在"名称"选项的文本框中输入"一起动"，在"类型"选项的下拉列表中选择"影片剪辑"选项，如图 6-15 所示，单击"确定"按钮，新建影片剪辑元件"一起动"，舞台窗口也随之转换为影片剪辑元件的舞台窗口。

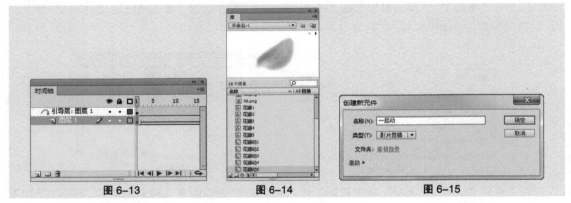

图 6-13 图 6-14 图 6-15

（9）将"库"面板中的影片剪辑元件"花瓣动 1"拖曳到舞台窗口中，如图 6-16 所示。选中"图层 1"的第 50 帧，按 F5 键，插入普通帧。

（10）单击"时间轴"面板下方的"新建图层"按钮，新建"图层 2"。选中"图层 2"的第 5 帧，按 F6 键，插入关键帧。将"库"面板中的影片剪辑元件"花瓣动 2"向舞台窗口中拖曳两次，如图 6-17 所示。

图 6-16 图 6-17

（11）单击"时间轴"面板下方的"新建图层"按钮，新建"图层 3"。选中"图层 3"的第 10 帧，按 F6 键，插入关键帧。将"库"面板中的影片剪辑元件"花瓣动 3"拖曳到舞台窗口中，如图 6-18 所示。

（12）单击"时间轴"面板下方的"新建图层"按钮，新建"图层 4"。选中"图层 4"的第 15 帧，按 F6 键，插入关键帧。将"库"面板中的影片剪辑元件"花瓣动 4"向舞台窗口中拖曳两次，如图 6-19 所示。

图 6-18　　　　　　　　　　　　　　　　　图 6-19

（13）单击"时间轴"面板下方的"新建图层"按钮，新建"图层5"。选中"图层5"的第20帧，按F6键，插入关键帧。将"库"面板中的影片剪辑元件"花瓣动5"拖曳到舞台窗口中，如图6-20所示。

（14）单击舞台窗口左上方的"场景1"图标，进入"场景1"的舞台窗口。将"图层1"重命名为"底图"。将"库"面板中的位图"01"文件拖曳到舞台窗口中，如图6-21所示。

图 6-20　　　　　　　　　　　　　　　　　图 6-21

（15）在"时间轴"面板中创建新图层并将其命名为"花瓣"。将"库"面板中的影片剪辑元件"一起动"拖曳到舞台窗口中，并放置在适当的位置，如图6-22所示。电商广告效果制作完成，按 Ctrl+Enter 组合键即可查看效果，如图6-23所示。

图 6-22　　　　　　　　　　　　　　　　　图 6-23

6.1.2　层的设置

1. 层的弹出式菜单

用鼠标右键单击"时间轴"面板中的图层名称，弹出菜单，如图6-24所示。

"显示全部"命令：用于显示所有的隐藏图层和图层文件夹。

"锁定其他图层"命令：用于锁定除当前图层以外的所有图层。

"隐藏其他图层"命令：用于隐藏除当前图层以外的所有图层。

"插入图层"命令：用于在当前图层上创建一个新的图层。

"删除图层"命令：用于删除当前图层。

"剪切图层"：用于将当前图层剪切到剪切板中。

"拷贝图层"：用于复制当前图层。

"粘贴图层"：用于粘贴复制的图层。

"复制图层"：用于复制当前图层并生成一个复制图层。

"引导层"命令：用于将当前图层转换为普通引导层。

"添加传统运动引导层"命令：用于将当前图层转换为运动引导层。

"遮罩层"命令：用于将当前图层转换为遮罩层。

"显示遮罩"命令：用于在舞台窗口中显示遮罩效果。

"插入文件夹"命令：用于在当前图层上创建一个新的层文件夹。

图 6-24

"删除文件夹"命令：用于删除当前的层文件夹。

"展开文件夹"命令：用于展开当前的层文件夹，显示出其包含的图层。

"折叠文件夹"命令：用于折叠当前的层文件夹。

"展开所有文件夹"命令：用于展开"时间轴"面板中所有的层文件夹，显示出所包含的图层。

"折叠所有文件夹"命令：用于折叠"时间轴"面板中所有的层文件夹。

"属性"命令：用于设置图层的属性。

2. 创建图层

为了分门别类地组织动画内容，需要创建普通图层。选择"插入 > 时间轴 > 图层"命令，创建一个新的图层，或在"时间轴"面板下方单击"新建图层"按钮 ，创建一个新的图层。

> 提 示：系统默认状态下，新创建的图层按"图层 1""图层 2"……的顺序进行命名，也可以根据需要自行设定图层的名称。

3. 选取图层

选取图层就是将图层变为当前图层，用户可以在当前层上放置对象、添加文本和图形以及进行编辑。要使图层成为当前图层的方法很简单，在"时间轴"面板中选中该图层即可。当前图层会在"时间轴"面板中以蓝色显示，铅笔图标 表示可以对该图层进行编辑，如图 6-25 所示。

按住 Ctrl 键的同时，用鼠标在要选择的图层上单击，可以一次选择多个图层，如图 6-26 所示。按住 Shift 键的同时，用鼠标单击两个图层，在这两个图层中间的其他图层也会被同时选中，如图 6-27 所示。

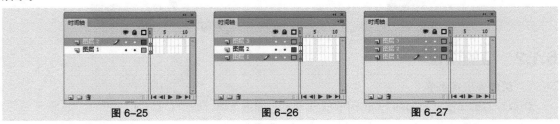

图 6-25   图 6-26   图 6-27

4. 排列图层

可以根据需要，在"时间轴"面板中为图层重新排列顺序。

在"时间轴"面板中选中"图层 3"，如图 6-28 所示，按住鼠标不放，将"图层 3"向下拖曳，这时会出现一条虚线，如图 6-29 所示，将虚线拖曳到"图层 1"的下方，松开鼠标，则"图层 3"移动到"图层 1"的下方，如图 6-30 所示。

图 6-28   图 6-29   图 6-30

5. 复制、粘贴图层

可以根据需要，将图层中的所有对象复制并粘贴到其他图层或场景中。

在"时间轴"面板中单击要复制的图层，如图 6-31 所示，选择"编辑 > 时间轴 > 复制帧"命令，进行复制。在"时间轴"面板下方单击"新建图层"按钮，创建一个新的图层，选中新的图层，如图6-32所示，选择"编辑>时间轴>粘贴帧"命令，在新建的图层中粘贴复制过的内容，如图6-33所示。

图6-31　　　　　　　　　图6-32　　　　　　　　　图6-33

6. 删除图层

如果某个图层不再需要，可以将其进行删除。删除图层有以下两种方法：在"时间轴"面板中选中要删除的图层，在面板下方单击"删除"按钮，即可删除选中图层，如图6-34所示；还可在"时间轴"面板中选中要删除的图层，按住鼠标不放，将其向下拖曳，这时会出现虚线，将虚线拖曳到"删除图层"按钮上进行删除，如图6-35所示。

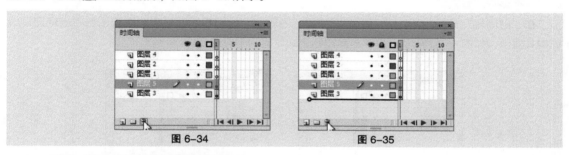

图6-34　　　　　　　　　　　图6-35

7. 隐藏、锁定图层和图层的线框显示模式

（1）隐藏图层：动画经常是多个图层叠加在一起的效果，为了便于观察某个图层中对象的效果，可以把其他的图层先隐藏起来。

在"时间轴"面板中单击"显示或隐藏所有图层"按钮下方的小黑圆点，这时小黑圆点所在的图层就被隐藏，在该图层上显示出一个叉号图标，如图6-36所示，此时图层将不能被编辑。

在"时间轴"面板中单击"显示或隐藏所有图层"按钮，面板中的所有图层将被同时隐藏，如图6-37所示。再单击此按钮，即可解除隐藏。

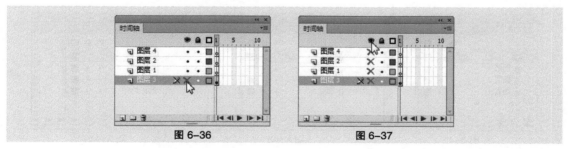

图6-36　　　　　　　　　　　图6-37

（2）锁定图层：如果某个图层上的内容已符合要求，则可以锁定该图层，以避免内容被意外地更改。

在"时间轴"面板中单击"锁定或解除锁定所有图层"按钮下方的小黑圆点，这时小黑圆点所在的图层就被锁定，在该图层上显示出一个锁状图标🔒，如图 6-38 所示，此时图层将不能被编辑。

在"时间轴"面板中单击"锁定或解除锁定所有图层"按钮🔒，面板中的所有图层将被同时锁定，如图 6-39 所示。再单击此按钮，即可解除锁定。

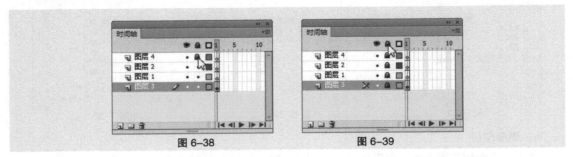

图 6-38　　　　　　　　　　　　图 6-39

（3）图层的线框显示模式：为了便于观察图层中的对象，可以将对象以线框的模式进行显示。

在"时间轴"面板中单击"将所有图层显示为轮廓"按钮□下方的实色正方形，这时实色正方形所在图层中的对象就呈线框模式显示，在该图层上实色正方形变为线框图标□，如图 6-40 所示，此时并不影响图层编辑。

在"时间轴"面板中单击"将所有图层显示为轮廓"按钮□，面板中的所有图层将被同时以线框模式显示，如图 6-41 所示。再单击此按钮，即可返回到普通模式。

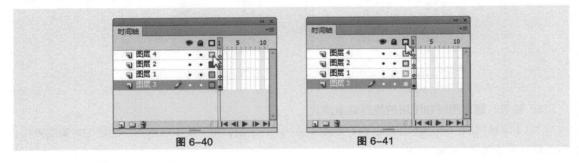

图 6-40　　　　　　　　　　　　图 6-41

8．重命名图层

可以根据需要更改图层的名称。更改图层名称有以下两种方法。

（1）双击"时间轴"面板中的图层名称，名称变为可编辑状态，如图 6-42 所示。输入要更改的图层名称，如图 6-43 所示。在图层旁边单击鼠标，完成图层名称的修改，如图 6-44 所示。

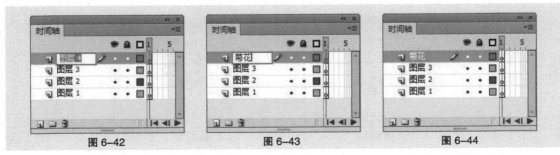

图 6-42　　　　　　　　图 6-43　　　　　　　　图 6-44

（2）还可选中要修改名称的图层，选择"修改 > 时间轴 > 图层属性"命令，在弹出的"图层属性"对话框中修改图层的名称。

6.1.3 图层文件夹

在"时间轴"面板中可以创建图层文件夹来组织和管理图层，这样"时间轴"面板中图层的层次结构将非常清晰。

1. 创建图层文件夹

选择"插入＞时间轴＞图层文件夹"命令，在"时间轴"面板中创建图层文件夹，如图6-45所示。还可单击"时间轴"面板下方的"新建文件夹"按钮 ，在"时间轴"面板中创建图层文件夹，如图6-46所示。

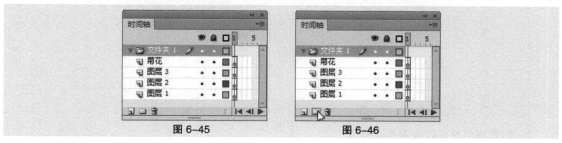

图6-45   图6-46

2. 删除图层文件夹

在"时间轴"面板中选中要删除的图层文件夹，单击面板下方的"删除"按钮 ，即可删除图层文件夹，如图6-47所示。还可在"时间轴"面板中选中要删除的图层文件夹，按住鼠标不放，将其向下拖曳，这时会出现虚线，将虚线拖曳到"删除"按钮 上进行删除，如图6-48所示。

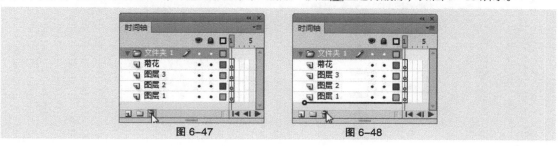

图6-47   图6-48

6.1.4 普通引导层

普通引导层主要用于为其他图层提供辅助绘图和绘图定位，引导层中的图形在播放影片时是不会显示的。

1. 创建普通引导层

用鼠标右键单击"时间轴"面板中的某个图层，在弹出的菜单中选择"引导层"命令，如图6-49所示。该图层转换为普通引导层。此时，图层前面的图标变为 ，如图6-50所示。

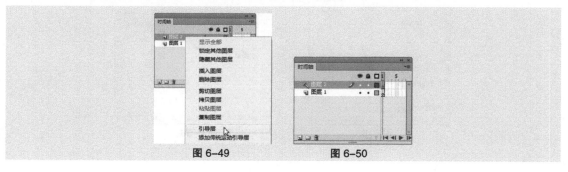

图6-49   图6-50

还可在"时间轴"面板中选中要转换的图层。选择"修改 > 时间轴 > 图层属性"命令，弹出"图层属性"对话框，在"类型"选项组中选择"引导层"单选项，如图 6-51 所示，单击"确定"按钮，选中的图层转换为普通引导层，此时，图层前面的图标变为 ，如图 6-52 所示。

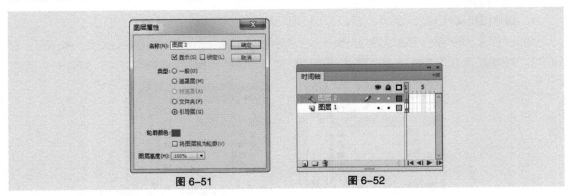

图 6-51　　　　　　　　　　　　　图 6-52

2. 将普通引导层转换为普通图层

如果要在播放影片时显示引导层上的对象，还可将引导层转换为普通图层。

用鼠标右键单击"时间轴"面板中的引导层，在弹出的快捷菜单中选择"引导层"命令，如图 6-53 所示，引导层转换为普通图层。此时，图层前面的图标变为 ，如图 6-54 所示。

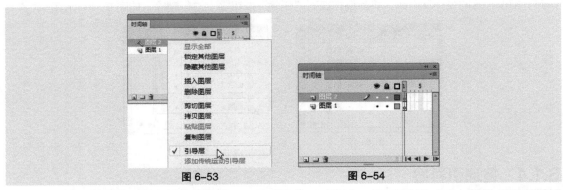

图 6-53　　　　　　　　　　　　　图 6-54

还可在"时间轴"面板中选中引导层，选择"修改 > 时间轴 > 图层属性"命令，弹出"图层属性"对话框，在"类型"选项组中选择"一般"单选项，如图 6-55 所示，单击"确定"按钮，选中的引导层转换为普通图层，此时，图层前面的图标变为 ，如图 6-56 所示。

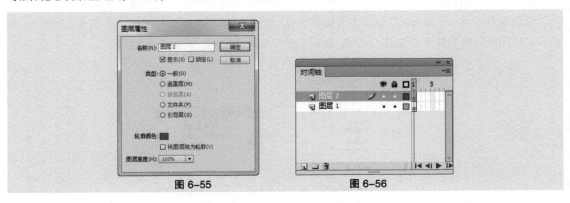

图 6-55　　　　　　　　　　　　　图 6-56

6.1.5　运动引导层

运动引导层的作用是设置对象运动路径的导向，使与之相链接的被引导层中的对象沿着路径运动，运动引导层上的路径在播放动画时不显示。在引导层上还可创建多个运动轨迹，以引导被引导层上的多个对象沿不同的路径运动。要创建按照任意轨迹运动的动画就需要添加运动引导层，但创建运动引导层动画时要求必须是动作补间动画，形状补间动画、逐帧动画不可用。

1. 创建运动引导层

用鼠标右键单击"时间轴"面板中要添加引导层的图层，在弹出的快捷菜单中选择"添加传统运动引导层"命令，如图6-57所示，为图层添加运动引导层，此时引导层前面出现图标 ，如图6-58所示。

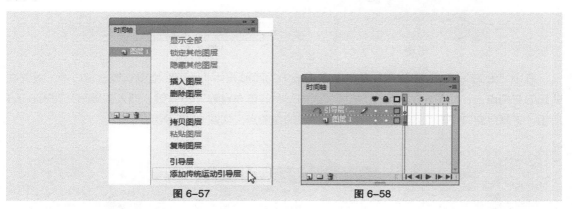

图 6-57　　　　　　　　　　　　图 6-58

提示：一个引导层可以引导多个图层上的对象按运动路径运动。如果要将多个图层变成某一个运动引导层的被引导层，只需在"时间轴"面板上将要变成被引导层的图层拖曳至引导层下方即可。

2. 将运动引导层转换为普通图层

将运动引导层转换为普通图层的方法与普通引导层转换的方法一样，这里不再赘述。

3. 应用运动引导层制作动画

选择"文件 > 打开"命令，在弹出的"打开"对话框中，选择"基础素材 > Ch06 > 01.fla"文件，单击"打开"按钮打开文件，如图6-59所示。鼠标右键单击"时间轴"面板中的"太阳"图层，在弹出的快捷菜单中选择"添加传统运动引导层"命令，为"太阳"图层添加运动引导层，如图6-60所示。

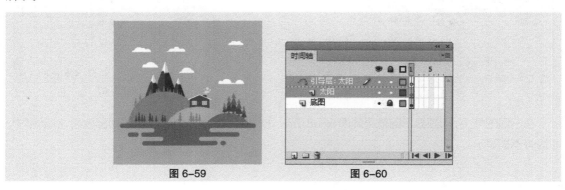

图 6-59　　　　　　　　　　　　图 6-60

选择"钢笔"工具 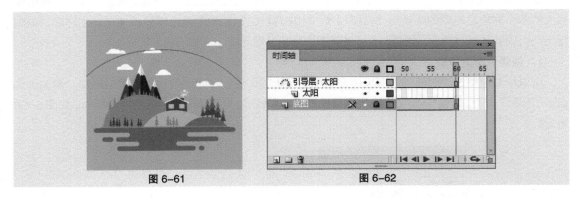，在引导层的舞台窗口中绘制 1 条曲线，如图 6-61 所示。选择"引导层"的第 60 帧，按 F5 键，插入普通帧。用相同的方法在"底图"图层的第 60 帧上插入普通帧，如图 6-62 所示。

图 6-61　　　　　　　　　　　　　　图 6-62

选中"太阳"图层的第 1 帧，将"库"面板中的图形元件"太阳"拖曳到舞台窗口中，放置在曲线的右端点上，如图 6-63 所示。选中"太阳"中的第 60 帧，按 F6 键，插入关键帧，如图 6-64 所示。将舞台窗口中的"太阳"实例拖曳到曲线的左端点，如图 6-65 所示。

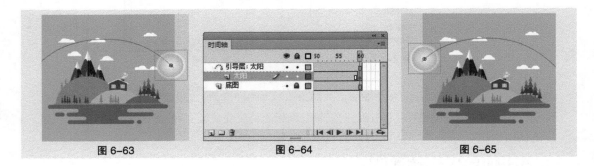

图 6-63　　　　　　　　　图 6-64　　　　　　　　　图 6-65

用鼠标右键单击"太阳"图层的第 1 帧，在弹出的快捷菜单中选择"创建传统补间"命令，如图 6-66 所示，在"太阳"中，第 1 帧和第 60 帧之间生成动作补间动画，如图 6-67 所示。运动引导层动画制作完成。

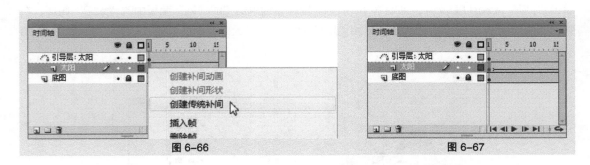

图 6-66　　　　　　　　　　　　　　图 6-67

在不同的帧中，动画显示的效果如图 6-68 所示。按 Ctrl+Enter 组合键，测试动画效果，在动画中，曲线将不被显示。

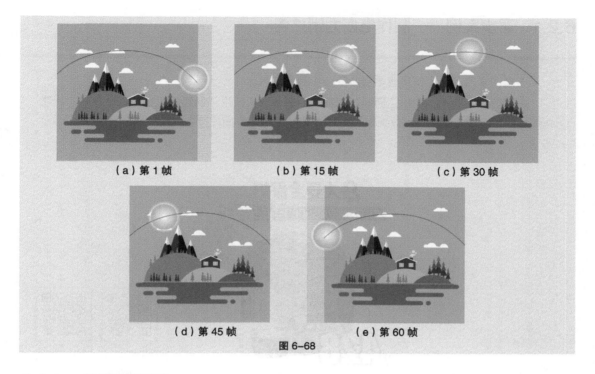

（a）第1帧　　　　　　　　　（b）第15帧　　　　　　　　　（c）第30帧

（d）第45帧　　　　　　　　　（e）第60帧

图 6-68

6.1.6　分散到图层

新建空白文档，选择"文本"工具 $\boxed{T}$，在"图层1"的舞台窗口中输入英文"Flash"，如图6-69所示。选中文字，按Ctrl+B组合键，将文字打散，如图6-70所示。选择"修改 > 时间轴 > 分散到图层"命令，将"图层1"中的文字分散到不同的图层中并按文字设定图层名，如图6-71所示。

图 6-69　　　　　　　　　　　图 6-70　　　　　　　　　　　图 6-71

提示： 将文字分散到不同的图层中后，"图层1"中没有任何对象。

6.2　遮罩层与遮罩的动画制作

遮罩层就像一块不透明的板，如果要看到它下面的图像，只能在板上挖"洞"，而遮罩层中有对象的地方就可看成是"洞"，通过这个"洞"，被遮罩层中的对象显示出来。

命令介绍

遮罩层：遮罩层可以创建类似探照灯的特殊动画效果。

6.2.1 课堂案例——制作电压力锅广告

【案例学习目标】使用遮罩层命令制作遮罩动画。

【案例知识要点】使用"椭圆"工具，绘制椭圆；使用"创建补间形状"命令和"创建传统补间"命令，制作动画效果；使用"遮罩层"命令，制作遮罩动画效果，效果如图 6-72 所示。

图 6-72

（1）选择"文件 > 新建"命令，弹出"新建文档"对话框，在"常规"选项卡中选择"ActionScript 3.0"选项，将"宽"选项设为 800，"高"选项设为 800，单击"确定"按钮，完成文档的创建。

（2）选择"文件 > 导入 > 导入到库"命令，在弹出的"导入到库"对话框中，选择素材 01~07 文件，单击"打开"按钮，将文件导入到"库"面板中，如图 6-73 所示。

（3）将"图层 1"图层重命名为"底图"。将"库"面板中的位图"01"拖曳到舞台窗口中，如图 6-74 所示。选中"底图"图层的第 90 帧，按 F5 键，插入普通帧，如图 6-75 所示。

图 6-73   图 6-74   图 6-75

（4）在"时间轴"面板中创建新图层并将其命名为"标题"。将"库"面板中的位图"02"拖曳到舞台窗口中，并放置在适当的位置，如图 6-76 所示。

（5）在"时间轴"面板中创建新图层并将其命名为"遮罩 1"。选择"矩形"工具，在工具箱中，将"笔触颜色"设为无，"填充颜色"设为黑色，在舞台窗口中绘制一个矩形，效果如图 6-77 所示。

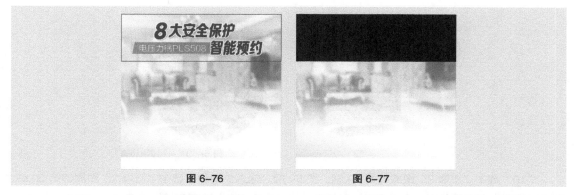

图 6-76   图 6-77

（6）选中"遮罩 1"图层的第 20 帧，按 F6 键，插入关键帧。选中"遮罩 1"图层的第 1 帧，选中舞台窗口中的黑色矩形，按 Ctrl+T 组合键，弹出"变形"面板，将"缩放高度"选项均设为 1%，如图 6-78 所示，按 Enter 键，确认操作，效果如图 6-79 所示。

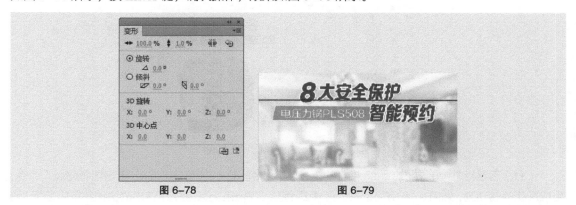

图 6-78   图 6-79

（7）用鼠标右键单击"遮罩 1"图层的第 1 帧，在弹出的快捷菜单中选择"创建补间形状"命令，生成形状补间动画，如图 6-80 所示。在"遮罩 1"图层上单击鼠标右键，在弹出的快捷菜单中选择"遮罩层"命令，将图层"遮罩 1"图层设置为遮罩的层，图层"标题"为被遮罩的层，如图 6-81 所示。

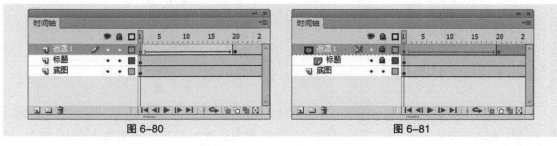

图 6-80   图 6-81

（8）在"时间轴"面板中创建新图层并将其命名为"压力锅"。选中"压力锅"图层的第 20 帧，按 F6 键，插入关键帧。将"库"面板中的位图"03"拖曳到舞台窗口中，并放置在适当的位置，如图 6-82 所示。

（9）在"时间轴"面板中创建新图层并将其命名为"遮罩 2"。选中"遮罩 2"图层的第 20 帧，按 F6 键，插入关键帧。选择"椭圆"工具，在工具箱中将"笔触颜色"设为无，"填充颜色"设为黑色，按住 Shift 键的同时在舞台窗口中绘制 1 个圆形，如图 6-83 所示。

图 6-82　　　　　　　　　　　　　图 6-83

（10）选中"遮罩 2"图层的第 40 帧，按 F6 键，插入关键帧。选中"遮罩 2"图层的第 20 帧，在舞台窗口中选中黑色圆，在"变形"面板中，将"缩放高度"选项和"缩放宽度"选项均设为 1%，如图 6-84 所示，按 Enter 键，确认操作，效果如图 6-85 所示。

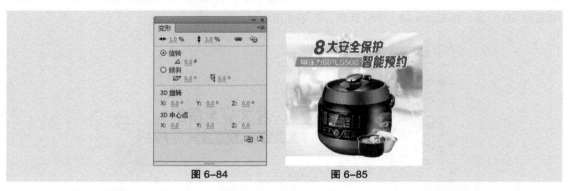

图 6-84　　　　　　　　　　　　　图 6-85

（11）用鼠标右键单击"遮罩 2"图层的第 20 帧，在弹出的快捷菜单中选择"创建补间形状"命令，生成形状补间动画，如图 6-86 所示。在"遮罩 2"图层上单击鼠标右键，在弹出的快捷菜单中选择"遮罩层"命令，将图层"遮罩 2"图层设置为遮罩的层，图层"压力锅"为被遮罩的层，如图 6-87 所示。

图 6-86　　　　　　　　　　　　　图 6-87

（12）在"时间轴"面板中创建新图层并将其命名为"价位"。选中"价位"图层的第 40 帧，按 F6 键，插入关键帧。将"库"面板中的位图"04"拖曳到舞台窗口中，并放置在适当的位置，如图 6-88 所示。

（13）在"时间轴"面板中创建新图层并将其命名为"遮罩 3"。选中"遮罩 3"图层的第 40 帧，按 F6 键，插入关键帧。选择"矩形"工具，在工具箱中将"笔触颜色"设为无，"填充颜色"设为黑色，在舞台窗口中绘制一个矩形，如图 6-89 所示。

（14）选中"遮罩 3"图层的第 50 帧，按 F6 键，插入关键帧。选中"遮罩 3"图层的第 40 帧，在舞台窗口中选中黑色矩形，在"变形"面板中，将"缩放高度"选项设为 1%，如图 6-90 所示，按 Enter 键，确认操作，效果如图 6-91 所示。

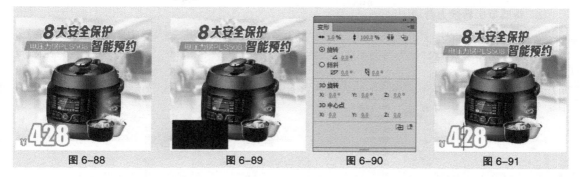

图 6-88   图 6-89   图 6-90   图 6-91

（15）用鼠标右键单击"遮罩 3"图层的第 40 帧，在弹出的快捷菜单中选择"创建补间形状"命令，生成形状补间动画，如图 6-92 所示。在"遮罩 3"图层上单击鼠标右键，在弹出的快捷菜单中选择"遮罩层"命令，将"遮罩 3"图层设置为遮罩的层，图层"价位"为被遮罩的层，如图 6-93 所示。电压力锅广告效果制作完成，按 Ctrl+Enter 组合键即可查看效果。

图 6-92   图 6-93

6.2.2　遮罩层

1. 创建遮罩层

要创建遮罩动画首先要创建遮罩层。在"时间轴"面板中，用鼠标右键单击要转换为遮罩层的图层，在弹出的快捷菜单中选择"遮罩层"命令，如图 6-94 所示。选中的图层转换为遮罩层，其下方的图层自动转换为被遮罩层，并且它们都自动被锁定，如图 6-95 所示。

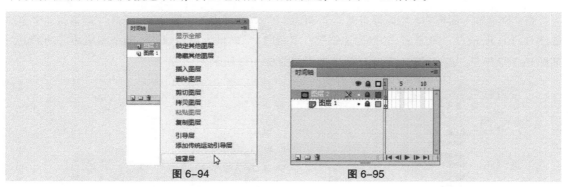

图 6-94   图 6-95

提示： 如果想解除遮罩，只需单击"时间轴"面板上遮罩层或被遮罩层上的图标将其解锁。遮罩层中的对象可以是图形、文字、元件的实例等，但不显示位图、渐变色、透明色和线条。一个遮罩层可以作为多个图层的遮罩层，如果要将一个普通图层变为某个遮罩层的被遮罩层，只需将此图层拖曳至遮罩层下方。

2. 将遮罩层转换为普通图层

在"时间轴"面板中，用鼠标右键单击要转换的遮罩层，在弹出的快捷菜单中选择"遮罩层"命令，如图 6-96 所示，遮罩层转换为普通图层，如图 6-97 所示。

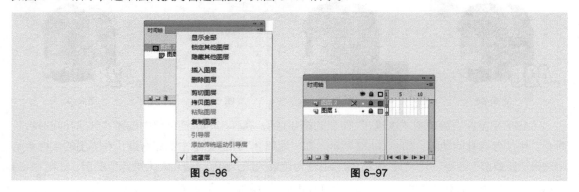

图 6-96   图 6-97

6.2.3 静态遮罩动画

选择"文件 > 打开"命令，在弹出的"打开"对话框中，选择"基础素材 > Ch06 > 02.fla"文件，单击"打开"按钮打开文件，如图 6-98 所示。在"时间轴"面板下方单击"新建图层"按钮■，创建新的图层"图层 3"，如图 6-99 所示。将"库"面板中的图形元件"02"拖曳到舞台窗口中的适当位置，如图 6-100 所示。

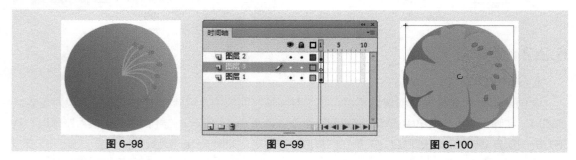

图 6-98   图 6-99   图 6-100

在"时间轴"面板中，用鼠标右键单击"图层 3"，在弹出的快捷菜单中选择"遮罩层"命令，如图 6-101 所示。"图层 3"转换为遮罩层，"图层 1"转换为被遮罩层，两个图层被自动锁定，如图 6-102 所示。舞台窗口中图形的遮罩效果如图 6-103 所示。

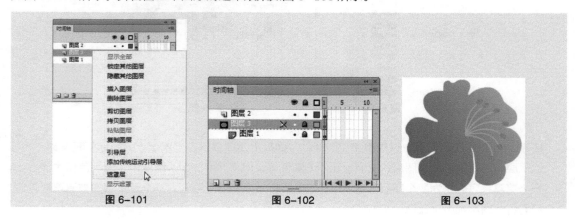

图 6-101   图 6-102   图 6-103

6.2.4　动态遮罩动画

（1）选择"文件 > 打开"命令，在弹出的"打开"对话框中，选择"基础素材 > Ch06 > 03.fla"文件，单击"打开"按钮打开文件，如图 6-104 所示。分别选中"底图"图层和"装饰"图层的第 40 帧，按 F5 键，插入普通帧，如图 6-105 所示。

图 6-104　　　　　　　　　图 6-105

（2）在"时间轴"面板中创建新图层并将其命名为"图片"。将"库"面板中的图形元件"图片"拖曳到舞台窗口中，并放置在适当的位置，如图 6-106 所示。选中"图片"图层的第 40 帧，按 F6 键，插入关键帧。在舞台窗口中将"图片"实例水平向左拖曳到适当的位置，如图 6-107 所示。

图 6-106　　　　　　　　　图 6-107

（3）用鼠标右键单击"图片"图层的第 1 帧，在弹出的快捷菜单中选择"创建传统补间"命令，生成传统补间动画，如图 6-108 所示。在"时间轴"面板中创建新图层并将其命名为"圆形"，如图 6-109 所示。

图 6-108　　　　　　　　　图 6-109

（4）选择"椭圆"工具 ，在工具箱中将"笔触颜色"设为无，"填充颜色"设为绿色（#00CC00），按住 Shift 键的同时，在舞台窗口中绘制 1 个圆形，如图 6-110 所示。

（5）用鼠标右键单击"圆形"的名称，在弹出的快捷菜单中选择"遮罩层"命令，如图 6-111 所示，"圆形"图层转换为遮罩层，"图片"图层转换为被遮罩层，如图 6-112 所示。

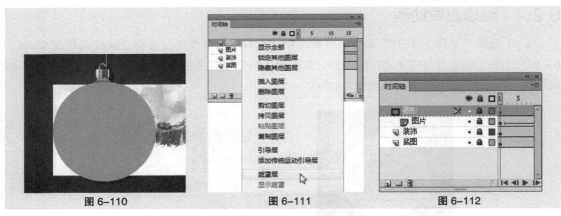

图 6-110   图 6-111   图 6-112

（6）在"时间轴"面板中，将"装饰"图层拖曳到"圆形"图层的上方，如图 6-113 所示，效果如图 6-114 所示。动态遮罩动画制作完成，按 Ctrl+Enter 组合键测试动画效果。

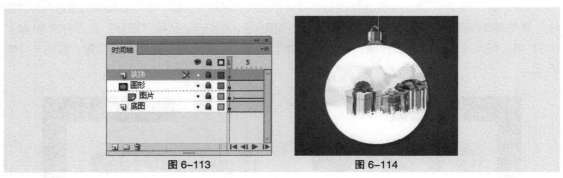

图 6-113   图 6-114

在不同的帧中，动画显示的效果如图 6-115 所示。

（a）第 1 帧   （b）第 10 帧   （c）第 20 帧

（d）第 30 帧   （e）第 40 帧

图 6-115

6.3　课堂练习——制作飞舞的蒲公英

【练习知识要点】使用"钢笔"工具，绘制线条并添加运动引导层；使用"创建传统补间"命令，制作出飞舞的蒲公英效果，如图 6-116 所示。

扫码观看
本案例视频 1

扫码观看
本案例视频 2

图 6-116

6.4　课后习题——制作化妆品主图

【习题知识要点】使用"椭圆"工具、"矩形"工具，制作形状动画；使用"创建补间形状"命令和"创建传统补间"命令，制作动画效果；使用"遮罩层"命令，制作遮罩动画效果，如图 6-117 所示。

扫码观看
本案例视频

图 6-117

07

第 7 章
动作脚本

▶ **本章介绍**

在 Flash CS6 中，如果要实现一些复杂多变的动画效果，就要涉及动作脚本，可以通过输入不同的动作脚本来实现高难度的动画效果。本章将介绍动作脚本的基本术语和使用方法。通过学习，读者要了解并掌握应用不同的动作脚本来实现千变万化的动画效果的方法。

学习目标

- 了解数据类型
- 掌握语法规则
- 掌握变量和函数
- 掌握表达式和运算符

技能目标

- 掌握"儿童电子相册"的制作方法和技巧
- 掌握"系统时钟"的制作方法和技巧

慕课视频

动作脚本

7.1 动作面板

动作面板可以用于组织动作脚本，可以从动作列表中选择语句，也可自行编辑语句。

7.1.1 课堂案例——制作儿童电子相册

【案例学习目标】使用变形工具调整图片的中心点，使用动作面板为图形添加脚本语言。

【案例知识要点】使用"创建元件"命令，创建影片剪辑元件；使用"动作"面板，添加动作脚本，如图7-1所示。

扫码观看
本案例视频

扫码观看
扩展案例

图 7-1

（1）选择"文件 > 新建"命令，弹出"新建文档"对话框，在"常规"选项卡中选择"ActionScript 2.0"选项，将"宽"选项设为600，"高"选项设为450，单击"确定"按钮，完成文档的创建。

（2）将"图层1"重命名为"底图"。选择"文件 > 导入 > 导入到库"命令，在弹出的"导入到库"对话框中，选择素材01~10文件，单击"打开"按钮，文件被导入"库"面板中，如图7-2所示。

（3）在"库"面板中新建一个图形元件"照片1"，如图7-3所示，舞台窗口也随之转换为图形元件的舞台窗口。将"库"面板中的位图"02"拖曳到舞台窗口中，效果如图7-4所示。

（4）用相同的方法将"库"面板中的位图"03""04""05""06"和"07"文件，分别制作成图形元件"照片2""照片3""照片4""照片5"和"照片6"，"库"面板中的显示效果如图7-5所示。

图 7-2　　　　　图 7-3　　　　　图 7-4　　　　　图 7-5

（5）在"库"面板中新建一个按钮元件"按钮1"，如图7-6所示，舞台窗口也随之转换为按钮元件的舞台窗口。将"库"面板中的位图"09"拖曳到舞台窗口中，效果如图7-7所示。选中"指针经过"帧，按F5键，插入普通帧。

（6）在"时间轴"面板中创建新图层"图层2"。将"库"面板中的图形元件"照片1"拖曳到舞台窗口中。选择"任意变形"工具 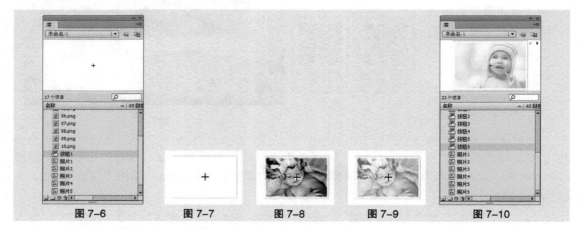，在舞台窗口中选中"照片1"实例，按住Shift键的同时，将其等比例缩小，并将其拖曳到适当的位置，效果如图7-8所示。选中"指针经过"帧，按F6键，插入关键帧。

（7）选中"图层2"的"弹起"帧，选中舞台窗口中的"照片1"实例，在图形"属性"面板中选择"色彩效果"选项组，在"样式"选项的下拉列表中选择"Alpha"，并将其值设为50%，效果如图7-9所示。用相同的方法制作按钮元件"按钮2""按钮3""按钮4""按钮5"和"按钮6"，如图7-10所示。

图7-6　　　　图7-7　　　　图7-8　　　　图7-9　　　　图7-10

（8）单击舞台窗口左上方的"场景1"图标 场景1，进入"场景1"的舞台窗口。将"库"面板中的位图"01"文件拖曳到舞台窗口中，效果如图7-11所示。选中"底图"图层的第6帧，按F5键，插入普通帧，如图7-12所示。

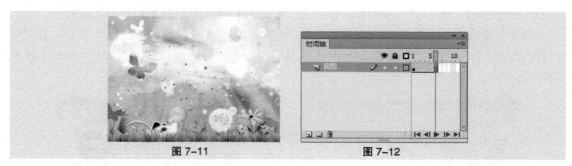

图7-11　　　　　　　　　　　图7-12

（9）在"时间轴"面板中创建新图层并将其命名为"照片边框"，如图7-13所示。将"库"面板中的位图"10"文件拖曳到舞台窗口中，效果如图7-14所示。

（10）在"时间轴"面板中创建新图层并将其命名为"照片"。将"库"面板中的图形元件"照片1"拖曳到舞台窗口中并放置在适当的位置，效果如图7-15所示。选中"照片"图层的第2帧，按F7键，插入空白关键帧，如图7-16所示。将"库"面板中的图形元件"照片2"拖曳到与"照片1"相同的位置，如图7-17所示。

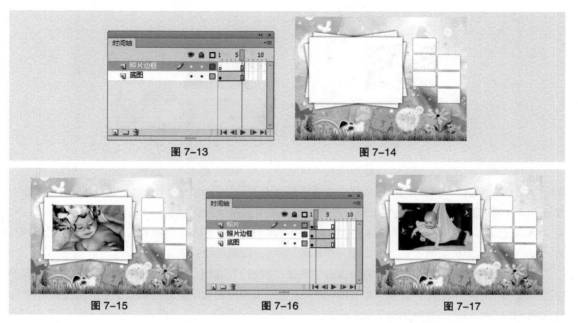

图 7-13   图 7-14

图 7-15   图 7-16   图 7-17

（11）用相同的方法分别选中"照片"图层的第 3 帧、第 4 帧、第 5 帧、第 6 帧，按 F7 键，插入空白关键帧，并分别将图形元件"照片 3""照片 4""照片 5""照片 6"拖曳到相应的帧舞台窗口中，效果如图 7-18、图 7-19、图 7-20 和图 7-21 所示。

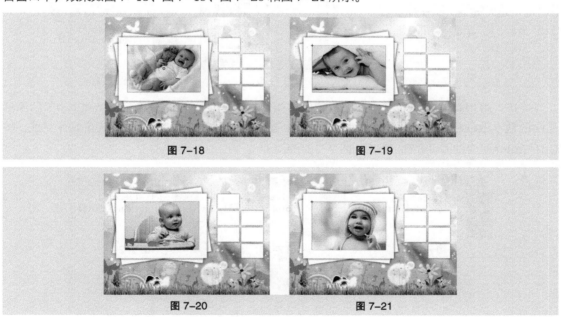

图 7-18   图 7-19

图 7-20   图 7-21

（12）在"时间轴"面板中创建新图层并将其命名为"按钮"。分别将"库"面板中的按钮元件"按钮 1""按钮 2""按钮 3""按钮 4""按钮 5""按钮 6"拖曳到舞台窗口中并放置在适当的位置，效果如图 7-22 所示。

（13）在"时间轴"面板中创建新图层并将其命名为"装饰"。将"库"面板中的位图"08"拖曳到舞台窗口中，并放置在适当的位置，效果如图 7-23 所示。

图 7-22   图 7-23

（14）在"时间轴"面板中创建新图层并将其命名为"动作脚本"。选择"窗口 > 动作"命令，弹出"动作"面板，在面板的左上方将脚本语言版本设置为"Action Script 1.0 & 2.0"，在面板中单击"将新项目添加到脚本中"按钮，在弹出的菜单中选择"全局函数 > 时间轴控制 > stop"命令。在"脚本窗口"中显示出选择的脚本语言，如图 7-24 所示。设置好动作脚本后，关闭"动作"面板。在"动作脚本"图层的第 1 帧上显示出一个标记"a"，如图 7-25 所示。

（15）选中"按钮"图层，在舞台窗口中选择"按钮 1"实例，选择"窗口 > 动作"命令，弹出"动作"面板，在动作面板中设置脚本语言（脚本语言的具体设置可以参考附带云盘中的实例源文件），"脚本窗口"中显示的效果如图 7-26 所示。

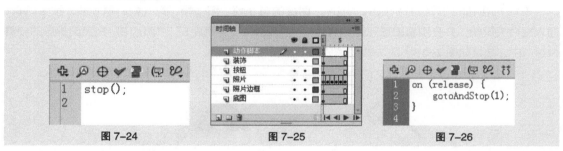

图 7-24   图 7-25   图 7-26

（16）用相同的方法为其他按钮设置脚本语言，只需将脚本语言"gotoAndStop"后面括号中的数字改成相应的帧数即可，如图 7-27 ~ 图 7-31 所示。儿童电子相册效果制作完成，按 Ctrl+Enter 组合键即可查看，效果如图 7-32 所示。

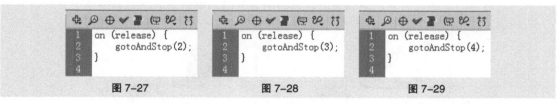

图 7-27   图 7-28   图 7-29

图 7-30   图 7-31   图 7-32

7.1.2　动作脚本中的术语

Flash CS6 既可以制作出生动的矢量动画，又可以利用脚本编写语言对动画进行编程，从而实现多种特殊效果。Flash CS6 使用了动作脚本 3.0，其功能更为强大，而且还可以延用以前版本的 1.0 或 2.0 动作脚本。脚本可以由单一的动作组成，如设置动画播放、停止的语言，也可以由复杂的动作组成，如设置先计算条件再执行动作。

动作脚本使用自己的术语，下面介绍常用的术语。

（1）Actions（动作）：用于控制影片播放的语句。例如，gotoAndPlay（转到指定帧并播放）动作将会播放动画的指定帧。

（2）Arguments（参数）：用于向函数传递值的占位符。例如，

```
Function display(text1,text2) {
displayText=text1+"my baby"+ text2
}
```

（3）Classes（类）：用于定义新的对象类型。若要定义类，必须在外部脚本文件中使用 Class 关键字，而不是在"动作"面板编写的脚本中使用此关键字。

（4）Constants（常量）：是个不变的元素。例如，常数 Key.TAB 的含义始终是不变，它代表 Tab 键。

（5）Constructors（构造函数）：用于定义一个类的属性和方法。根据定义，构造函数是类定义中与类同名的函数。例如，以下代码定义一个 Circle 类并实现一个构造函数。

```
// 文件 Circle.as
class Circle {
  private var radius:Number
  private var circumference:Number
// 构造函数
  function Circle(radius:Number) {
  circumference = 2 * Math.PI * radius;
  }
}
```

（6）Data types（数据类型）：用于描述变量或动作脚本元素可以包含的信息种类，包括字符串、数字、布尔值、对象、影片剪辑等。

（7）Events（事件）：是在动画播放时发生的动作。例如，单击按钮事件、按下键盘事件、动画进入下一帧事件等。

（8）Expressions（表达式）：具有确定值的数据类型的任意合法组合，由运算符和操作数组成。例如，在表达式 x + 2 中，x 和 2 是操作数，而 + 是运算符。

（9）Functions（函数）：是可重复使用的代码块，它可以接受参数并能返回结果。

（10）Handler（事件处理函数）：用来处理事件发生，管理如 mouseDown 或 load 等事件的特殊动作。

（11）Identifiers（标识符）：用于标识一个变量、属性、对象、函数或方法。标识符的第一个字母必须是字母、下划线或者美元符号（$），随后的字符必须是字母、数字、下划线或者美元

符号。

（12）Instances（实例）：是一个类初始化的对象。每一个类的实例都包含这个类中的所有属性和方法。

（13）Instance Names（实例名称）：脚本中用于表示影片剪辑实例和按钮实例的唯一名称。可以应用"属性"面板为舞台上的实例指定实例名称。

例如，库中的主元件可以名为 counter，而 SWF 文件中该元件的两个实例可以使用实例名称 scorePlayer1_mc 和 scorePlayer2_mc。下面的代码用实例名称设置每个影片剪辑实例中名为 score 的变量。

```
_root.scorePlayer1_mc.score += 1;
_root.scorePlayer2_mc.score -= 1;
```

（14）Keywords（关键字）：是具有特殊意义的保留字。例如，var 是用于声明本地变量的关键字。不能使用关键字作为标识符，例如，var 不是合法的变量名。

（15）Methods（方法）：是与类关联的函数。例如，getBytesLoaded() 是与 MovieClip 类关联的内置方法。也可以为基于内置类的对象或为基于创建类的对象，创建充当方法的函数，例如，在以下代码中，clear() 成为先前定义的 controller 对象的方法。

```
function reset( ){
    this.x_pos = 0;
    this.y_pos = 0;
}
controller.clear = reset;
controller.clear( );
```

（16）Objects（对象）：是一些属性的集合。每一个对象都有自己的名称，并且都是特定类的实例。

（17）Operators（运算符）：通过一个或多个值计算新值。例如，加法（+）运算符可以将两个或更多个值相加到一起，从而产生一个新值。运算符处理的值称为操作数。

（18）Target Paths（目标路径）：动画文件中，影片剪辑实例名称、变量和对象的分层结构地址。可以在"属性"面板中为影片剪辑对象命名。主时间轴的名称在默认状态下为 _root。可以使用目标路径控制影片剪辑对象的动作，或者得到和设置某一个变量的值。

例如，下面的语句是指向影片剪辑 stereoControl 内的变量 volume 的目标路径。

```
_root.stereoControl.volume
```

（19）Properties（属性）：用于定义对象的特性。例如，_visible 定义影片剪辑是否可见的属性，所有影片剪辑都有此属性。

（20）Variables（变量）：用于存放任何一种数据类型的标识符。可以定义、改变和更新变量，也可在脚本中引用变量的值。

例如，在下面的示例中，等号左侧的标识符是变量。

```
var x = 5;
var name = "Lolo";
var c_color = new Color(mcinstanceName);
```

7.1.3 "动作"面板的使用

在"动作"面板中我们既可以选择 ActionScript3.0 的脚本语言，也可以应用 ActionScript 1.0&2.0 的脚本语言。选择"窗口 > 动作"命令，弹出"动作"面板，对话框的左上方为"动作工具箱"，左下方为"对象窗口"，右上方为功能按钮，右下方为"脚本窗口"，如图 7-33 所示。

图 7-33

"动作工具箱"中显示了包含语句、函数、操作符等各种类别的文件夹。单击文件夹即可显示出动作语句，双击动作语句可以将其添加到"脚本窗口"中，如图 7-34 所示。也可单击对话框右上方的"将新项目添加到脚本中"按钮 ⏦，在其弹出的菜单中选择动作语句添加到"脚本窗口"中。还可以在"脚本窗口"中直接编写动作语句，如图 7-35 所示。

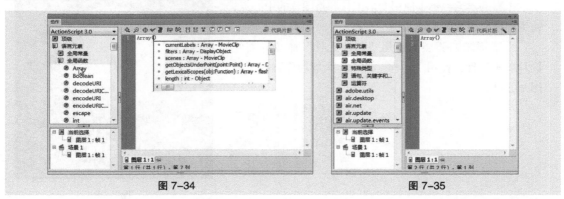

图 7-34   图 7-35

在面板右上方有多个功能按钮，分别为"将新项目添加到脚本中"按钮 ⏦、"查找"按钮 🔍、"插入目标路径"按钮 ⊕、"语法检查"按钮 ✔、"自动套用格式"按钮 ▤、"显示代码提示"按钮 ⊡、"调试选项"按钮 ⊠、"折叠成对大括号"按钮 ⊞、"折叠所选"按钮 ⊟、"展开全部"按钮 ✳、"应用块注释"按钮 ⊡、"应用行注释"按钮 ⊡、"删除注释"按钮 ⊡和"显示 / 隐藏工具箱"按钮 ⊞，如图 7-36 所示。

如果当前选择的是帧，那么在"动作"面板中设置的是该帧的动作语句；如果当前选择的是一个对象，那么在"动作"面板中设置的是该对象的动作语句。

可以在"首选参数"对话框中设置"动作"面板的默认编辑模式。选择"编辑 > 首选参数"命令，弹出"首选参数"对话框，在对话框中选择"ActionScript"选项卡，如图 7-37 所示。

在"语法颜色"选项组中，不同的颜色用于表示不同的动作脚本语句，这样可以减少脚本中的语法错误。

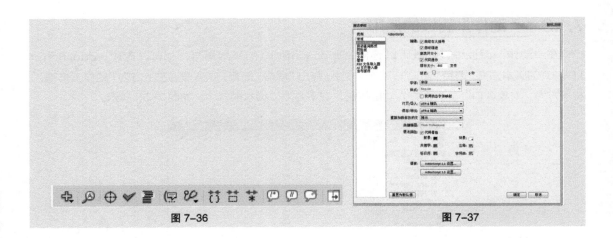

图 7-36   图 7-37

7.2 脚本语言

动作脚本可以将变量、函数、属性和方法组成一个整体，控制对象产生各种动画效果。

7.2.1 课堂案例——制作系统时钟

【案例学习目标】使用变形工具调整图片的中心点，使用动作面板为图形添加脚本语言。

【案例知识要点】使用"创建元件"命令，创建影片剪辑元件；使用"动作"面板，添加动作脚本，如图 7-38 所示。

图 7-38

1. 导入素材制作影片剪辑元件

（1）选择"文件 > 新建"命令，弹出"新建文档"对话框，在"常规"选项卡中选择"ActionScript 2.0"选项，将"宽"选项设为 800，"高"选项设为 800，单击"确定"按钮，完成文档的创建。

（2）选择"文件 > 导入 > 导入到库"命令，在弹出的"导入到库"对话框中，选择素材 01~05 文件，单击"打开"按钮，将文件导入到"库"面板中，如图 7-39 所示。

（3）按 Ctrl+F8 组合键，弹出"创建新元件"对话框，在"名称"选项的文本框中输入"时针"，在"类型"选项下拉列表中选择"影片剪辑"选项，如图 7-40 所示，单击"确定"按钮，新建影片剪辑元件"时针"。舞台窗口也随之转换为影片剪辑元件的舞台窗口。将"库"面板中的位图"03"拖曳到舞台窗口中，并放置在适当的位置，如图 7-41 所示。

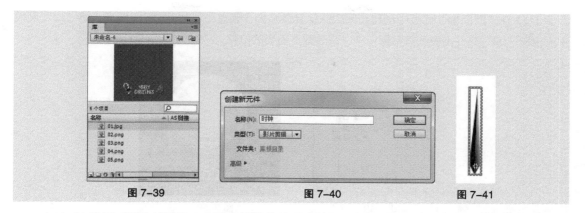

图 7-39 图 7-40 图 7-41

（4）在"库"面板中新建一个影片剪辑元件"分针"，如图 7-42 所示，舞台窗口也随之转换为影片剪辑元件的舞台窗口。将"库"面板中的位图"04"拖曳到舞台窗口中，并放置在适当的位置，如图 7-43 所示。

（5）在"库"面板中新建一个影片剪辑元件"秒针"，如图 7-44 所示，舞台窗口也随之转换为影片剪辑元件的舞台窗口。将"库"面板中的位图"05"拖曳到舞台窗口中，并放置在适当的位置，如图 7-45 所示。

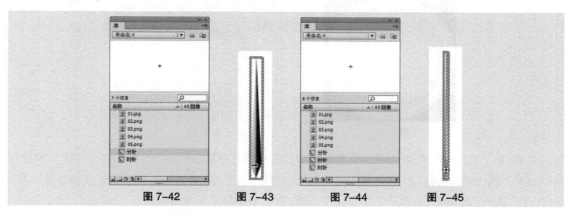

图 7-42 图 7-43 图 7-44 图 7-45

2．制作场景动画并添加动作脚本

（1）单击舞台窗口左上方的"场景 1"图标 ，进入"场景 1"的舞台窗口。将"图层 1"重新命名为"底图"，如图 7-46 所示。将"库"面板中的位图"01"文件拖曳到舞台窗口的中心位置，效果如图 7-47 所示。选中"底图"图层的第 2 帧，按 F5 键，插入普通帧，如图 7-48 所示。

图 7-46 图 7-47 图 7-48

（2）在"时间轴"面板中创建新图层并将其命名为"表盘"，如图7-49所示。将"库"面板中的位图"02"文件拖曳到舞台窗口中，并放置在适当的位置，效果如图7-50所示。

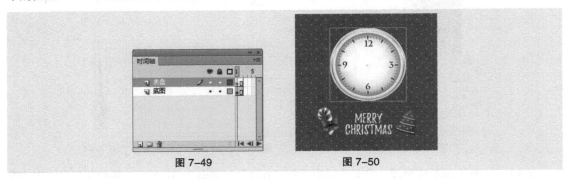

图 7-49 图 7-50

（3）在"时间轴"面板中创建新图层并将其命名为"时针"。将"库"面板中的影片剪辑元件"时针"拖曳到舞台窗口中，将其放置在表盘上的适当位置，效果如图7-51所示。选择"选择"工具 ，选中"时针"实例，选择影片剪辑元件的"属性"面板，在"实例名称"选项框中输入"HHand"，如图7-52所示。

图 7-51 图 7-52

（4）在"时间轴"面板中创建新图层并将其命名为"分针"。将"库"面板中的影片剪辑元件"分针"拖曳到舞台窗口中，将其放置在表盘上的适当位置，效果如图7-53所示。在舞台窗口中选中"分针"实例，选择影片剪辑元件的"属性"面板，在"实例名称"选项框中输入"MHand"，如图7-54所示。

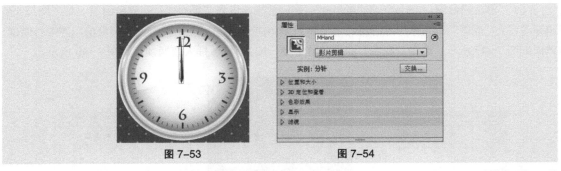

图 7-53 图 7-54

（5）在"时间轴"面板中创建新图层并将其命名为"秒针"。将"库"面板中的影片剪辑元件"秒针"拖曳到舞台窗口中，将其放置在表盘上的适当位置，效果如图7-55所示。

（6）在舞台窗口中选中"秒针"实例，选择影片剪辑元件的"属性"面板，在"实例名称"选项框中输入"SHand"，如图7-56所示。

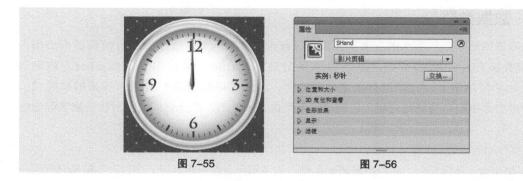

图 7-55   图 7-56

（7）在"时间轴"面板中创建新图层并将其命名为"圆点"，如图 7-57 所示。选择"窗口 >颜色"命令，弹出"颜色"面板，选择"填充颜色"选项 ，在"颜色类型"选项的下拉列表中选择"径向渐变"，在色带上将左边的颜色控制点设为白色，将右边的颜色控制点设为黑色，生成渐变色，如图 7-58 所示。

（8）选择"椭圆"工具 ，按住 Shift 键的同时，在舞台窗口中绘制 1 个圆形，效果如图 7-59所示。

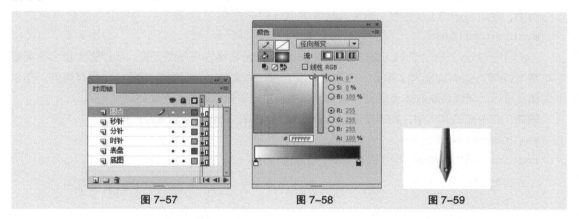

图 7-57   图 7-58   图 7-59

（9）在"时间轴"面板中创建新图层并将其命名为"动作脚本"。选中"动作脚本"图层的第1 帧，选择"窗口 > 动作"命令，弹出"动作"面板（其快捷键为 F9 键）。在"动作"面板中设置脚本语言，"脚本窗口"中显示的效果如图 7-60 所示。系统时钟效果制作完成，按 Ctrl+Enter 键即可查看效果，如图 7-61 所示。

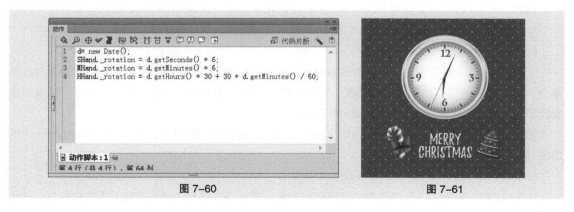

图 7-60   图 7-61

7.2.2　数据类型

数据类型描述了动作脚本的变量或元素可以包含信息的种类。动作脚本有两种数据类型：原始数据类型和引用数据类型。原始数据类型是指 String（字符串）、Number（数字）和 Boolean（布尔值），它们拥有固定类型的值，因此可以包含它们所代表元素的实际值。引用数据类型是指影片剪辑和对象，它们值的类型是不固定的，因此它们包含对该元素实际值的引用。

下面将介绍各种数据类型。

（1）String（字符串）。字符串是诸如字母、数字和标点符号等字符的序列。字符串必须用一对双引号标记。字符串被当作字符而不是变量进行处理。

例如，在下面的语句中，"L7" 是一个字符串。

```
favoriteBand = "L7";
```

（2）Number（数字型）。数字型是指数字的算术值。进行正确数学运算的值必须是数字数据类型。可以使用算术运算符加（＋）、减（－）、乘（×）、除（/）、求模（%）、递增（＋＋）和递减（－－）来处理数字，也可以使用内置的 Math 对象的方法处理数字。

例如，使用 sqrt()（平方根）方法返回数字 100 的平方根。

```
Math.sqrt(100);
```

（3）Boolean（布尔型）。值为 true 或 false 的变量被称为布尔型变量。动作脚本也会在需要时将值 true 和 false 转换为 1 和 0。在确定"是 / 否"的情况下，布尔型变量是非常有用的。布尔型变量在进行比较以控制脚本流的动作脚本语句中经常与逻辑运算符一起使用。

例如，在下面的脚本中，如果变量 password 为 true，则会播放该 SWF 文件。

```
var password:Boolean = true
fuction onClipEvent (e:Event) {
  password = true
    play( );
  }
```

（4）Movie Clip（影片剪辑型）。影片剪辑型是 Flash 影片中可以播放动画的元件。它们是唯一引用图形元素的数据类型。Flash 中的每个影片剪辑都是一个 Movie Clip 对象，它们拥有 Movie Clip 对象中定义的方法和属性。通过点（.）运算符可以调用影片剪辑内部的属性和方法。

例如，

```
my_mc.startDrag(true);
parent_mc.getURL("http://www.macromedia.com/support/" + product);
```

（5）Object（对象型）。对象型是指所有使用动作脚本创建的基于对象的代码。对象是属性的集合，每个属性都拥有自己的名称和值，属性的值可以是任何的 Flash 数据类型，甚至可以是对象数据类型。通过点运算符可以引用对象中的属性。

例如，在下面的代码中，hoursWorked 是 weeklyStats 的属性，而后者是 employee 的属性。

```
employee.weeklyStats.hoursWorked
```

（6）Null（空值）。空值数据类型只有一个值，即 null。这意味着没有值，即缺少数据。Null

可以用在各种情况中，如作为函数的返回值、表明函数没有可以返回的值、表明变量还没有接收到值、表明变量不再包含值等。

（7）Undefined（未定义）。未定义的数据类型只有一个值，即 undefined，用于尚未分配值的变量。如果一个函数引用了未在其他地方定义的变量，那么 Flash 将返回未定义数据类型。

7.2.3　语法规则

动作脚本拥有自己的一套语法规则和标点符号。下面将介绍相关内容。

（1）点运算符。

在动作脚本中，点（.）用于表示与对象或影片剪辑相关联的属性或方法，也可用于标识影片剪辑或变量的目标路径。点运算符表达式以影片或对象的名称开始，中间为点运算符，最后是要指定的元素。

例如，_x 影片剪辑属性指示影片剪辑在舞台上的 x 轴位置。表达式 ballMC._x 引用影片剪辑实例 ballMC 的 _x 属性。

又例如，ubmit 是 form 影片剪辑中设置的变量，此影片剪辑嵌在影片剪辑 shoppingCart 之中。表达式 shoppingCart.form.submit = true 将实例 form 的 submit 变量设置为 true。

无论是表达对象的方法还是影片剪辑的方法，均遵循同样的模式。例如，ball_mc 影片剪辑实例的 play( ) 方法在 ball_mc 的时间轴中移动播放头，用下面的语句表示。

```
ball_mc.play( );
```

点语法还使用两个特殊别名：_root 和 _parent。别名 _root 是指主时间轴。可以使用 _root 别名创建一个绝对目标路径。例如，下面的语句调用主时间轴上影片剪辑 functions 中的函数 buildGameBoard( )。

```
_root.functions.buildGameBoard( );
```

可以使用别名 _parent 引用当前对象嵌入到的影片剪辑，也可使用 _parent 创建相对目标路径。例如，如果影片剪辑 dog_mc 嵌入影片剪辑 animal_mc 的内部，则实例 dog_mc 的如下语句会指示 animal_mc 停止。

```
_parent.stop( );
```

（2）界定符。

大括号：动作脚本中的语句可被大括号包括起来组成语句块。例如：

```
// 事件处理函数
public Function myDate( ){
Var myDate:Date = new Date( );
currentMonth = myDate.getMonth( );
}
```

分号：动作脚本中的语句可以由一个分号结束。如果在结尾处省略分号，Flash 仍然可以成功编译脚本，例如：

```
var column = passedDate.getDay( );
var row = 0;
```

圆括号：在定义函数时，任何参数定义都必须放在一对圆括号内。例如：

```
function myFunction (name, age, reader){

}
```

调用函数时，需要被传递的参数也必须放在一对圆括号内。例如：

```
myFunction ("Steve", 10, true);
```

可以使用圆括号改变动作脚本的优先顺序或增强程序的易读性。

（3）区分大小写。

在区分大小写的编程语言中，仅大小写不同的变量名（如 book 和 Book）被视为互不相同。Action Script 3.0 中标识符区分大小写，例如，下面两条动作语句是不同的。

```
cat.hilite = true;
CAT.hilite = true;
```

对于关键字、类名、变量、方法名等，要严格区分大小写。如果关键字大小写出现错误，在编写程序时就会有错误信息提示。如果采用了彩色语法模式，那么正确的关键字将以深蓝色显示。

（4）注释。

在"动作"面板中，使用注释语句可以在一个帧或者按钮的脚本中添加说明，有利于增加程序的易读性。注释语句以双斜线 // 开始，斜线显示为灰色，注释内容可以不考虑长度和语法，注释语句不会影响 Flash 动画输出时的文件量。例如：

```
public Function myDate( ){
  // 创建新的 Date 对象
var myDate:Date = new Date( );
currentMonth = myDate.getMonth( );
  // 将月份数转换为月份名称
  monthName = calcMonth(currentMonth);
  year = myDate.getFullYear( );
  currentDate = myDate.getDate( );
}
```

（5）关键字。

动作脚本保留一些单词用于该语言总的特定用途，因此不能将它们用作变量、函数或标签的名称。如果在编写程序的过程中使用了关键字，动作编辑框中的关键字会以蓝色显示。为了避免冲突，在命名时可以展开动作工具箱中的 Index 域，检查是否使用了已定义的名字。

（6）常量。

常量中的值永远不会改变。所有的常量可以在"动作"面板的工具箱和动作脚本字典中找到。

7.2.4 变量

变量是包含信息的容器。容器本身不会改变，但内容可以更改。当第一次定义变量时，最好为变量定义一个已知值，这就是初始化变量，通常在 SWF 文件的第 1 帧中完成。每一个影片剪辑对象都有自己的变量，而且不同的影片剪辑对象中的变量相互独立并互不影响。

变量中可以存储的常见信息类型包括 URL、用户名、数字运算的结果、事件发生的次数等。

为变量命名必须遵循以下规则。

（1）变量名在其作用范围内必须是唯一的。

（2）变量名不能是关键字或布尔值（true 或 false）。

（3）变量名必须以字母或下划线开始，由字母、数字、下划线组成，其间不能包含空格，变量名没有大小写的区别。

变量的范围是指变量在其中已知并且可以引用的区域，它包含 3 种类型，具体如下。

（1）本地变量：在声明它们的函数体（由大括号决定）内可用。本地变量的使用范围只限于它的代码块，会在该代码块结束时到期，其余的本地变量会在脚本结束时到期。若要声明本地变量，可以在函数体内部使用 var 语句。

（2）时间轴变量：可用于时间轴上的任意脚本。要声明时间轴变量，应在时间轴的所有帧上都初始化这些变量。应先初始化变量，然后尝试在脚本中访问它。

（3）全局变量：对于文档中的每个时间轴和范围均可见。

不论是本地变量还是全局变量，都需要使用 var 语句。

7.2.5 函数

函数是用来对常量、变量等进行某种运算的方法，如产生随机数、进行数值运算、获取对象属性等。函数是一个动作脚本代码块，它可以在影片中的任何位置上重新使用。如果将值作为参数传递给函数，则函数将对这些值进行操作。函数也可以返回值。

调用函数可以用一行代码来代替一个可执行的代码块。函数可以执行多个动作，并为它们传递可选项。函数必须要有唯一的名称，以便在代码行中可以知道访问的是哪一个函数。

Flash CS6 具有内置的函数，可以访问特定的信息或执行特定的任务。例如，获得 Flash 播放器的版本号。属于对象的函数叫方法，不属于对象的函数叫顶级函数，可以在"动作"面板的"函数"类别中找到。

每个函数都具备自己的特性，而且某些函数需要传递特定的值。如果传递的参数多于函数的需要，多余的值将被忽略。如果传递的参数少于函数的需要，空的参数会被指定为 undefined 数据类型，这在导出脚本时，可能会导致出现错误。如果要调用函数，该函数必须在播放头到达的帧中。

动作脚本提供了自定义函数的方法，可以自行定义参数，并返回结果。在主时间轴上或影片剪辑时间轴的关键帧中添加函数，即是在定义函数。所有的函数都有目标路径。所有的函数需要在名称后跟一对括号( )，但括号中是否有参数是可选的。一旦定义了函数，就可以从任何一个时间轴中调用它，包括加载 SWF 文件的时间轴。

7.2.6 表达式和运算符

表达式是由常量、变量、函数和运算符按照运算法则组成的计算式。运算符是可以提供对数值、字符串、逻辑值进行运算的关系符号。运算符有很多种类，包括算术运算符、字符串运算符、逻辑运算符、位运算符和赋值运算符等。

（1）算术运算符。算术表达式是数值进行运算的表达式。它由数值、以数值为结果的函数、算术运算符组成，运算结果是数值或逻辑值。

在 Flash CS6 中可以使用的算术运算符如下。

+ 、 − 、 * 、 /　　　　执行加、减、乘、除运算。

= 、 <>　　　　　　　比较两个数值是否相等、不相等。

< 、 <= 、 > 、 >=　　比较运算符前面的数值是否小于、小于等于、大于、大于等于后面的数值。

（2）字符串表达式。字符串表达式是对字符串进行运算的表达式。它由字符串、以字符串为结果的函数、字符串运算符组成，运算结果是字符串或逻辑值。

在 Flash CS6 中可以参与字符串表达式的运算符如下。

&　　　　　　　　　　连接运算符两边的字符串。

Eq 、 Ne　　　　　　判断运算符两边的字符串是否相等或不相等。

Lt 、 Le 、 Qt 、 Qe　判断运算符左边字符串的 ASCII 码是否小于、小于等于、大于、大于等于右边字符串的 ASCII 码。

（3）逻辑表达式。逻辑表达式是对正确、错误结果进行判断的表达式。它由逻辑值、以逻辑值为结果的函数、以逻辑值为结果的算术或字符串表达式和逻辑运算符组成，运算结果是逻辑值。

（4）位运算符。位运算符用于处理浮点数。运算时先将操作数转化为 32 位的二进制数，然后对每个操作数分别按位进行运算，运算后再将二进制的结果按照 Flash 的数值类型返回运算结果。

动作脚本的位运算符包括 &（位与）、/（位或）、^（位异或）、~（位非）、<<（左移位）、>>（右移位）、>>>(填 0 右移位) 等。

（5）赋值运算符。赋值运算符的作用是为变量、数组元素或对象的属性赋值。

182

7.3　课堂练习——制作漫天飞雪

【练习知识要点】使用"椭圆"工具和"颜色"面板，绘制雪花图形；使用"动作脚本"面板，添加脚本语言，如图 7-62 所示。

扫码观看
本案例视频

图 7-62

Flash CS6 核心应用案例教程（全彩慕课版）

【习题知识要点】使用"椭圆"工具和"颜色"面板，绘制透明气泡效果；使用"动作"面板，添加动作脚本，如图 7-63 所示。

扫码观看
本案例视频

图 7-63

第 8 章
交互式动画

▶ 本章介绍

    Flash 动画具有交互性，可以通过对按钮的控制来更改动画的播放形式。本章将介绍控制动画播放、按钮状态变化、添加控制命令的方法。读者通过学习要了解并掌握如何实现动画的交互功能，从而实现人机交互的操作方式。

学习目标

- 掌握播放和停止动画的方法
- 掌握按钮事件的应用
- 了解添加控制命令的方法

技能目标

- 掌握"美食页面"的制作方法和技巧
- 掌握"鼠标跟随效果"的制作方法和技巧

慕课视频

交互式动画

8.1 播放和停止动画

Flash 动画交互性就是用户通过菜单、按钮、键盘和文字输入等方式，来控制动画的播放。交互是为了用户与计算机之间产生互动性，使计算机对用户的指示做出相应的反应。交互式动画就是动画在播放时支持事件响应和交互功能的一种动画，动画在播放时不是从头播到尾，而是可以接受用户控制。

命令介绍

播放和停止动画：通过脚本语言的设置控制动画的播放和停止。

8.1.1 课堂案例——制作美食页面

【案例学习目标】使用浮动面板添加动作脚本语言。

【案例知识要点】使用"多角星形"工具和"矩形"工具，制作按钮元件；使用"创建传统补间"命令，制作美食动画效果；使用"动作"面板，添加脚本语言，如图 8-1 所示。

扫码观看
本案例视频

扫码观看
扩展案例

图 8-1

1. 导入素材制作图形元件

（1）选择"文件 > 新建"命令，弹出"新建文档"对话框，在"常规"选项卡中选择"ActionScript 3.0"选项，将"宽"选项设为 856，"高"选项设为 522，"背景颜色"选项设为黄色（#FFCC00），单击"确定"按钮，完成文档的创建。

（2）选择"文件 > 导入 > 导入到库"命令，在弹出的"导入到库"对话框中，选择素材 01~08 文件，单击"打开"按钮，文件被导入到"库"面板中，如图 8-2 所示。

（3）按 Ctrl+F8 组合键，弹出"创建新元件"对话框，在"名称"选项的文本框中输入"照片"，在"类型"选项下拉列表中选择"图形"选项，如图 8-3 所示，单击"确定"按钮，新建图形元件"照片"，如图 8-4 所示。舞台窗口也随之转换为图形元件的舞台窗口。

（4）分别将"库"面板中的位图"02""03""04""05""06"和"07"文件拖曳到舞台窗口中，调出位图"属性"面板，将所有照片的"Y"选项值设为 0，"X"选项保持不变，效果如图 8-5 所示。

图 8-2　　　　　　　　　　　　　　图 8-3　　　　　　　　　　　　　　图 8-4

图 8-5

（5）选中所有实例，选择"修改 > 对齐 > 按宽度均匀分布"命令，效果如图 8-6 所示。按 Ctrl+G 组合键，将其组合。调出组"属性"面板，将"X"选项设为 0，"Y"选项设为 0，效果如图 8-7 所示。

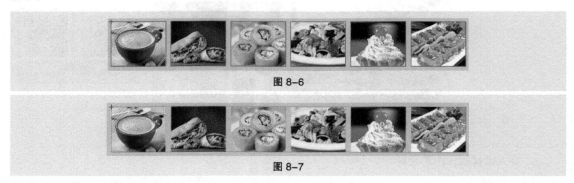

图 8-6

图 8-7

（6）保持对象的选取状态，按 Ctrl+C 组合键，复制图形。按 Ctrl+Shift+V 组合键，将其原位 粘贴在当前位置，调出组"属性"面板，将"X"选项设为 680，"Y"选项值保持不变，效果如图 8-8 所示。

图 8-8

2.　制作按钮元件

（1）按 Ctrl+F8 组合键，弹出"创建新元件"对话框，在"名称"选项的文本框中输入"播放"，在"类型"选项下拉列表中选择"按钮"选项，如图 8-9 所示，单击"确定"按钮，新建按钮元件"播放"。舞台窗口也随之转换为按钮元件的舞台窗口。

（2）将"图层1"重新命名为"图形"，将"库"面板中的图形元件"08.swf"拖曳到舞台窗口中适当的位置，效果如图8-10所示。选中"指针经过"帧，按F5键，插入普通帧。

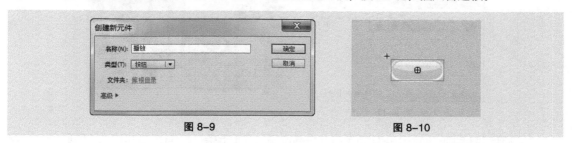

图8-9　　　　　　　　　　　　　　　　图8-10

（3）在"时间轴"面板中创建新图层并将其命名为"三角形"。选择"多角星形"工具，在"属性"面板中单击"工具设置"选项下的"选项"按钮，弹出"工具设置"对话框，将"边数"选项设为3，如图8-11所示，单击"确定"按钮，在"属性"面板中将"笔触颜色"设为无，"填充颜色"设为白色，其他选项的设置如图8-12所示，在舞台窗口中绘制1个三角形，效果如图8-13所示。

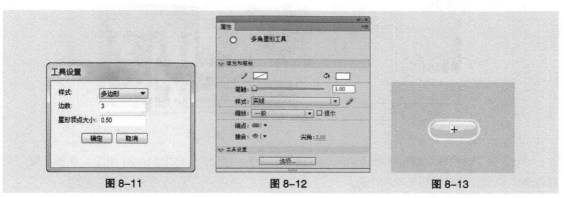

图8-11　　　　　　　　　图8-12　　　　　　　　　图8-13

（4）选中"指针经过"帧，按F6键，插入关键帧，如图8-14所示，在工具箱中将"填充颜色"设为红色（#FF0000），效果如图8-15所示。用相同的方法制作按钮元件"停止"，效果如图8-16所示。

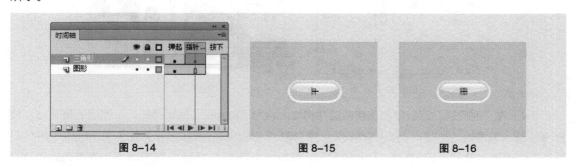

图8-14　　　　　　　　　图8-15　　　　　　　　　图8-16

3. 制作照片浏览动画

（1）单击舞台窗口左上方的"场景1"图标，进入"场景1"的舞台窗口。将"图层1"重新命名为"底图"，如图8-17所示。将"库"面板中的位图"01"文件拖曳到舞台窗口的中心位置，效果如图8-18所示。选中"底图"图层的第120帧，按F5键，插入普通帧。

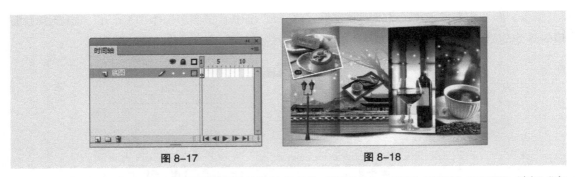

图 8-17   图 8-18

（2）在"时间轴"面板中创建新图层并将其命名为"矩形条"。选择"矩形"工具▭，选择"窗口 > 颜色"命令，弹出"颜色"面板，将"笔触颜色"设为无，"填充颜色"设为白色，"Alpha"选项设为50%，如图 8-19 所示，在舞台窗口中绘制 1 个矩形，效果如图 8-20 所示。

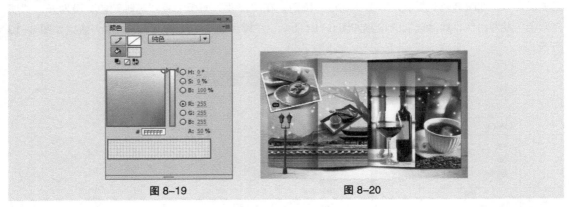

图 8-19   图 8-20

（3）在"时间轴"面板中创建新图层并将其命名为"透明"，如图 8-21 所示。在舞台窗口中绘制多个矩形，效果如图 8-22 所示。

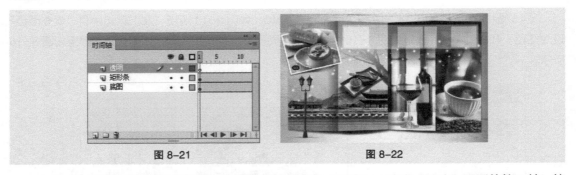

图 8-21   图 8-22

（4）在"时间轴"面板中创建新图层并将其命名为"照片"。选中"照片"图层的第 2 帧，按 F6 键，插入关键帧。将"库"面板中的图形元件"照片"拖曳到舞台窗口中，如图 8-23 所示。选中"照片"图层的第 120 帧，按 F6 键，插入关键帧。在舞台窗口中将"照片"实例水平向左拖曳到适当的位置，如图 8-24 所示。

（5）用鼠标右键单击"照片"图层的第 2 帧，在弹出的快捷菜单中选择"创建传统补间"命令，生成传统补间动画。

（6）在"时间轴"面板中创建新图层并将其命名为"遮罩"。选中"遮罩"图层的第 2 帧，按 F6

键，插入关键帧。选中"透明"图层的第 1 帧，按 Ctrl+C 组合键，将其复制。选中"遮罩"图层的第 2 帧，按 Ctrl+Shift+V 组合键，将其原位粘贴到"遮罩"图层中。

图 8-23　　　　　　　　　　　　　　　图 8-24

（7）用鼠标右键单击"遮罩"图层，在弹出的快捷菜单中选择"遮罩层"命令，将"遮罩"图层设为遮罩的层，"照片"图层设为被遮罩的层，"时间轴"面板如图 8-25 所示，舞台窗口中的效果如图 8-26 所示。

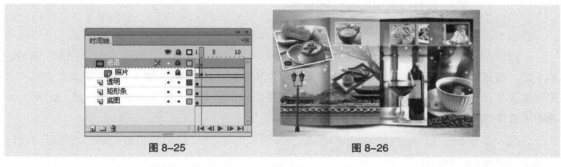

图 8-25　　　　　　　　　　　　　　　图 8-26

（8）选中"照片"图层的第 120 帧，选择"窗口 > 动作"命令，弹出"动作"面板，在"动作"面板中设置脚本语言，"脚本窗口"中显示的效果如图 8-27 所示。

（9）在"时间轴"面板中创建新图层并将其命名为"装饰"。选择"矩形"工具▢，在工具箱中将"笔触颜色"设为无，"填充颜色"设为橘黄色（#D99E44），在舞台窗口中绘制一个矩形，效果如图 8-28 所示。在工具箱中将"填充颜色"设为白色，在舞台窗口中绘制多个矩形，效果如图 8-29 所示。

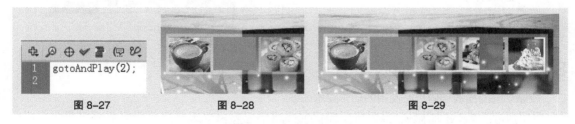

图 8-27　　　　　　图 8-28　　　　　　　　　　图 8-29

（10）在"时间轴"面板中创建新图层并将其命名为"按钮"。将"库"面板中的按钮元件"播放"拖曳到舞台窗口中，并放置在适当的位置，如图 8-30 所示。在按钮"属性"面板的"实例名称"文本框中输入"start_Btn"，如图 8-31 所示。

（11）将"库"面板中的按钮元件"停止"拖曳到舞台窗口中，并放置在适当的位置，如图 8-32 所示。在按钮"属性"面板的"实例名称"文本框中输入"stop_Btn"，如图 8-33 所示。

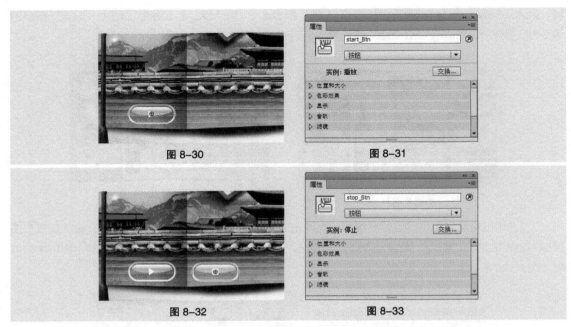

图 8-30　　　　　　　　　　　　　　　　图 8-31

图 8-32　　　　　　　　　　　　　　　　图 8-33

（12）在"时间轴"面板中创建新图层并将其命名为"动作脚本"。选中"动作脚本"图层的第 1 帧，选择"窗口 > 动作"命令，弹出"动作"面板（其快捷键为 F9 键）。在"动作"面板中设置脚本语言，"脚本窗口"中显示的效果如图 8-34 所示。美食页面效果制作完成，按 Ctrl+Enter 键即可查看效果，如图 8-35 所示。

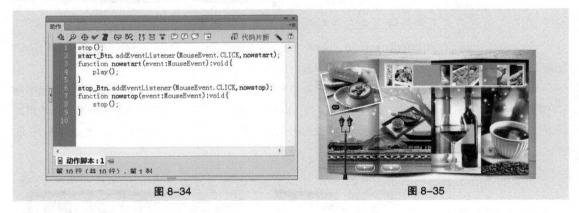

图 8-34　　　　　　　　　　　　　　　　图 8-35

8.1.2　播放和停止动画

控制动画的播放和停止所使用的动作脚本如下。

（1）on：事件处理函数，指定触发动作的鼠标事件或按键事件。

例如：

```
on (press) {

}
```

此处的"press"代表发生的事件，可以将"press"替换为任意一种对象事件。

（2）play：用于使动画从当前帧开始播放。

例如:

```
on (press) {
play();
}
```

（3）stop：用于停止当前正在播放的动画，并使播放头停留在当前帧。

例如:

```
on (press) {
stop();
}
```

（4）addEventListener()：用于添加事件。

例如:

所要接收事件的对象 .addEventListener(事件类型、事件名称、事件响应函数的名称);

```
{
// 此处为响应的事件所要执行的动作
}
```

选择"文件 > 打开"命令，在弹出的"打开"对话框中，选择"基础素材 > Ch08 > 01.fla"文件，单击"打开"按钮打开文件，如图 8-36 所示。选中"底图"图层的第 40 帧，按 F5 键，插入普通帧。用相同的方法在"装饰"图层的第 40 帧，插入普通帧，如图 8-37 所示。

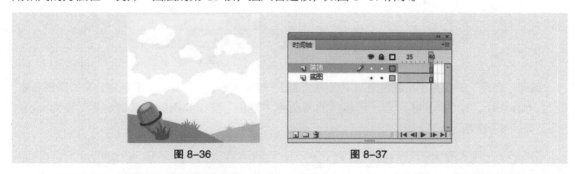

图 8-36   图 8-37

在"时间轴"面板中创建新图层并将其命名为"风筝"，如图 8-38 所示。将"库"面板中的图形元件"风筝"拖曳到舞台窗口中，并放置在适当的位置，如图 8-39 所示。选择"任意变形"工具 ，在"风筝"实例的周围出现 8 个控制点，将中心点移动到如图 8-40 所示的位置。

图 8-38   图 8-39   图 8-40

选中"风筝"图层的第 20 帧，按 F6 键，插入关键帧。在舞台窗口中将"风筝"实例旋转适当的角度，效果如图 8-41 所示。选中"风筝"图层的第 40 帧，按 F6 键，插入关键帧。在舞台窗口中将"风筝"

实例旋转适当的角度，效果如图 8-42 所示。

分别用鼠标右键单击"风筝"图层的第 1 帧、第 20 帧，在弹出的快捷菜单中选择"创建传统补间"命令，生成传统补间动画，如图 8-43 所示。

图 8-41　　　　　　图 8-42　　　　　　　　　图 8-43

在"时间轴"面板中创建新图层并将其命名为"按钮"，如图 8-44 所示。将"库"面板中的按钮元件"播放"和"停止"拖曳到舞台窗口中，效果如图 8-45 所示。

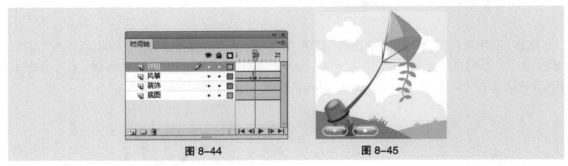

图 8-44　　　　　　　　　　图 8-45

选择"选择"工具，在舞台窗口中选中"播放"按钮实例，在"属性"面板中，将"实例名称"设为 start_Btn，如图 8-46 所示。用相同的方法将"停止"按钮实例的"实例名称"设为 stop_Btn，如图 8-47 所示。

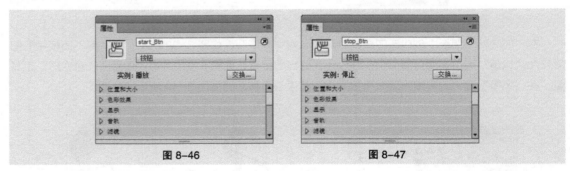

图 8-46　　　　　　　　　　图 8-47

在"时间轴"面板中创建新图层并将其命名为"动作脚本"。选择"窗口 > 动作"命令，弹出"动作"面板，在"动作"面板中设置脚本语言，"脚本窗口"中显示的效果如图 8-48 所示。设置完成动作脚本后，关闭"动作"面板。在"动作脚本"图层中的第 1 帧上显示出一个标记"a"，如图 8-49 所示。

在"时间轴"面板中将"风筝"图层拖曳到"装饰"图层的下方，如图 8-50 所示。按 Ctrl+Enter 组合键，查看动画效果。当单击停止按钮时，动画停止在正在播放的帧上，效果如图 8-51 所示。单击播放按钮后，动画将继续播放。

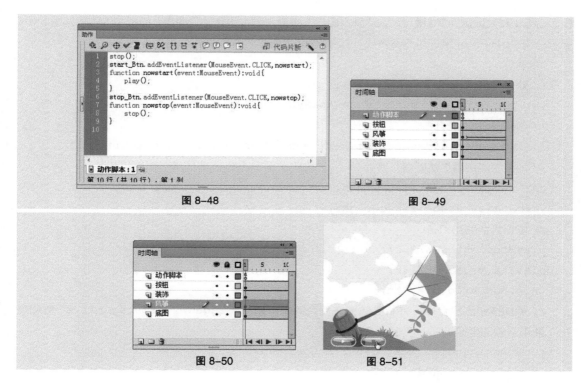

图 8-48　　　　　　　　　　　　　　　　图 8-49

图 8-50　　　　　　　　　　　　　　　　图 8-51

8.1.3　按钮事件

选择"文件 > 打开"命令，在弹出的"打开"对话框中，选择"基础素材 > Ch08 > 02.fla"文件，单击"打开"按钮，打开文件，如图 8-52 所示。按 Ctrl+L 组合键，弹出"库"面板，用鼠标右键单击按钮元件"按钮"，在弹出的菜单中选择"属性"命令，弹出"元件属性"对话框，勾选"为 ActionScript 导出"复选框，在"类"文本框中输入类名称"playbutton"，如图 8-53 所示，单击"确定"按钮。

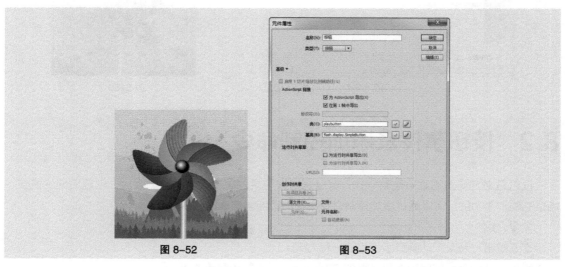

图 8-52　　　　　　　　　　　　　　　　图 8-53

在"时间轴"面板中创建新图层并将其命名为"动作脚本"。选择"窗口 > 动作"命令，弹出"动作"面板（其快捷键为 F9 键）。在"脚本窗口"中输入脚本语言，"动作"面板中的效果如图 8-54 所示。按 Ctrl+Enter 键即可查看效果，如图 8-55 所示。

```
stop();
// 处于静止状态
var playBtn:playbutton = new playbutton();
// 创建一个按钮实例
    playBtn.addEventListener( MouseEvent.CLICK, handleClick );
// 为按钮实例添加监听器
var stageW=stage.stageWidth;
var stageH=stage.stageHeight;
// 依据舞台的宽和高
playBtn.x=stageW/1.2;
playBtn.y=stageH/1.2;
this.addChild(playBtn);
// 添加按钮到舞台中，并将其放置在舞台的左下角（"stageW/1.2""stageH/1.2" 宽和高
在 x 轴和 y 轴的坐标）
function handleClick( event:MouseEvent ) {
        gotoAndPlay(2);
}
// 单击按钮时跳到下一帧并开始播放动画
```

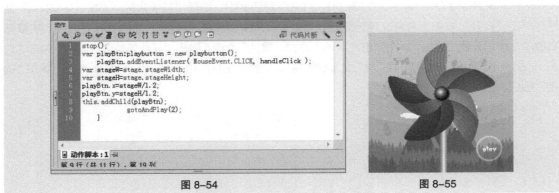

图 8-54   图 8-55

8.2 按钮事件及添加控制命令

按钮是交互动画的常用控制方式，可以利用按钮来控制和影响动画的播放，实现页面的链接、场景的跳转等功能。可以通过添加控制命令制作出跟随鼠标动的动画效果。

命令介绍

交互按钮：是交互动画经常使用的一种方式。

添加控制命令：应用脚本语言添加控制命令，制作鼠标跟随效果。

8.2.1　课堂案例——制作鼠标跟随效果

【案例学习目标】使用绘图工具、文本工具和浮动面板制作动画效果。

【案例知识要点】使用"椭圆"工具、"渐变变形"工具、"变形"面板和"颜色"面板，绘制星星图形；使用"动作"面板，添加动作脚本语言，如图 8-56 所示。

图 8-56

1.　绘制星星

（1）选择"文件 > 新建"命令，弹出"新建文档"对话框，在"常规"选项卡中选择"ActionScript 3.0"选项，将"宽"选项设为 800，"高"选项设为 565，"背景颜色"选项设为粉色（#FF33CC），单击"确定"按钮，完成文档的创建。

（2）按 Ctrl+F8 组合键，弹出"创建新元件"对话框，在"名称"选项的文本框中输入"星星"，在"类型"选项下拉列表中选择"影片剪辑"选项，如图 8-57 所示，单击"确定"按钮，新建影片剪辑元件"星星"，如图 8-58 所示。舞台窗口也随之转换为影片剪辑元件的舞台窗口。

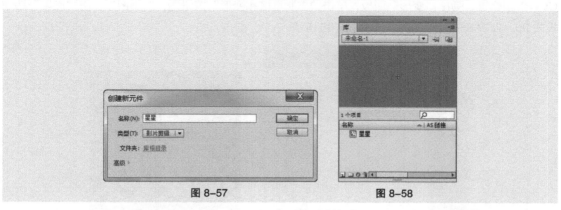

图 8-57　　　　　　　　　　　　　　　　图 8-58

（3）将"图层 1"重命名为"星星"。选择"椭圆"工具◯，在工具箱中将"笔触颜色"设为无，"填充颜色"设为白色，在舞台窗口中绘制 1 个椭圆形，如图 8-59 所示。选择"选择"工具▶，选中白色椭圆，如图 8-60 所示。

（4）选择"窗口 > 颜色"命令，弹出"颜色"对话框，选择"填充颜色"选项，在"类型"选项的下拉列表中选择"径向渐变"，在色带上设置 3 个控制点，选中色带上左侧的色块，将其设为白色，并将"Alpha"选项设为20%；选中色带上中间的色块，将其设为白色；选中色带上右侧的色块，将其设为白色，并将"Alpha"选项设为0%，生成渐变色，如图8-61所示，效果如图8-62所示。

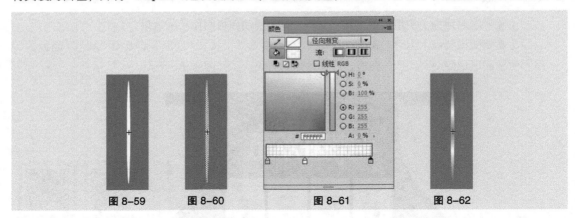

图 8-59　　　　图 8-60　　　　　　　图 8-61　　　　　　　图 8-62

（5）选择"渐变变形"工具，用鼠标单击渐变圆，出现4个控制点和1个圆形外框，如图8-63所示。将鼠标放置在图8-64所示的位置，单击鼠标并向左拖曳到适当的位置，调整渐变的过渡效果，如图8-65所示。

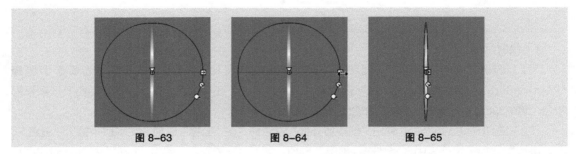

图 8-63　　　　　　　图 8-64　　　　　　　图 8-65

（6）在"时间轴"面板中单击"星星"图层，将该层中的对象全部选中，如图8-66所示。按Ctrl+T组合键，弹出"变形"面板，单击"重制选区和变形"按钮，复制图形，将"旋转"选项设为90，如图8-67所示，效果如图8-68所示。

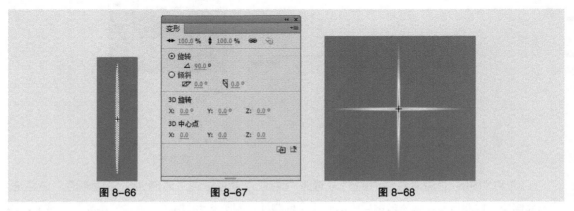

图 8-66　　　　　图 8-67　　　　　　　图 8-68

（7）在"时间轴"面板中单击"星星"图层，将该层中的对象全部选中，如图8-69所示。单击"变形"面板下方的"重制选区和变形"按钮，复制图形，将"缩放宽度"选项和"缩放高度"选项均设为70%，"旋转"选项设为45，如图8-70所示，效果如图8-71所示。

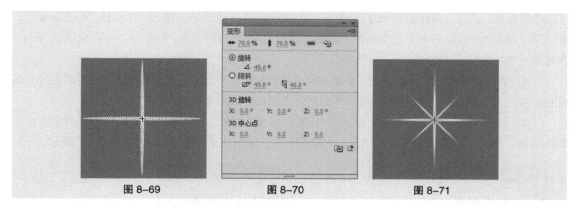

图 8-69　　　　　　　图 8-70　　　　　　　图 8-71

（8）选中"星星"图层的第 2 帧，按 F6 键，插入关键帧。在"颜色"面板中，选中色带上中间的色块，将其设为黄色（#E9FF1A），生成渐变色，如图 8-72 所示，效果如图 8-73 所示。

（9）选中"星星"图层的第 3 帧，按 F6 键，插入关键帧。在"颜色"面板中，选中色带上中间的色块，将其设为绿色（#1DEB1D），生成渐变色，如图 8-74 所示，效果如图 8-75 所示。

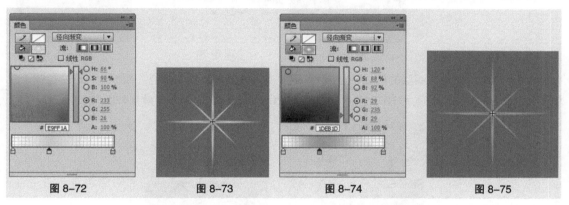

图 8-72　　　　　图 8-73　　　　　　图 8-74　　　　　图 8-75

（10）选中"星星"图层的第 4 帧，按 F6 键，插入关键帧。在"颜色"面板中，选中色带上中间的色块，将其设为红色（#FF1111），生成渐变色，如图 8-76 所示，效果如图 8-77 所示。

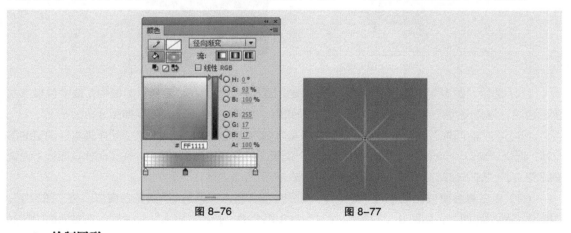

图 8-76　　　　　　　图 8-77

2. 绘制圆形

（1）在"时间轴"面板中创建新图层并将其命名为"圆点"。选择"窗口 > 颜色"命令，弹出

"颜色"面板，选择"填充颜色"选项 ，在"颜色类型"选项的下拉列表中选择"径向渐变"，在色带上将左边的颜色控制点设为白色，将右边的颜色控制点设为白色，并将"Alpha"选项设为0%，生成渐变色，如图8-78所示。

（2）选择"椭圆"工具 ，在工具箱中将"笔触颜色"设为无，"填充颜色"设为刚设置的渐变色，按住Shift键的同时，在舞台窗口中绘制1个圆形，如图8-79所示。

（3）选中"圆点"图层的第2帧，按F6键，插入关键帧。在"颜色"面板中，选中色带上左侧的色块，将其设为黄色（#E9FF1A），生成渐变色，如图8-80所示，效果如图8-81所示。

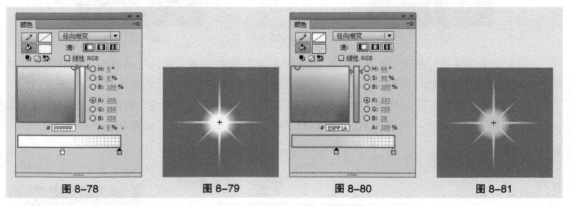

图8-78　　　　图8-79　　　　图8-80　　　　图8-81

（4）选中"圆点"图层的第3帧，按F6键，插入关键帧。在"颜色"面板中，选中色带上左侧的色块，将其设为绿色（#1DEB1D），生成渐变色，如图8-82所示，效果如图8-83所示。

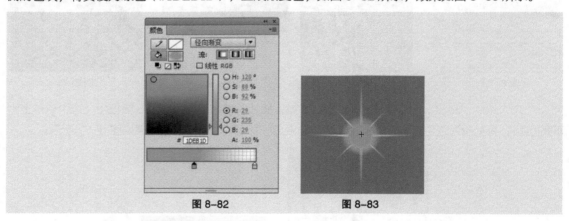

图8-82　　　　　　图8-83

（5）选中"圆点"图层的第4帧，按F6键，插入关键帧。在"颜色"面板中，选中色带上左侧的色块，将其设为红色（#FF1111），生成渐变色，如图8-84所示，效果如图8-85所示。

（6）在"时间轴"面板中创建新图层并将其命名为"动作脚本"。选中"动作脚本"图层的第1帧，选择"窗口 > 动作"命令，弹出"动作"面板（其快捷键为F9键）。在"动作"面板中设置脚本语言，"脚本窗口"中显示的效果如图8-86所示。

（7）单击舞台窗口左上方的"场景1"图标 ，进入"场景1"的舞台窗口。将"图层1"重新命名为"底图"，如图8-87所示。按Ctrl+R组合键，弹出"导入"对话框，在对话框中选择素材01文件，单击"打开"按钮，将文件导入舞台窗口中，并将其拖曳到舞台中心的位置，效果如图8-88所示。

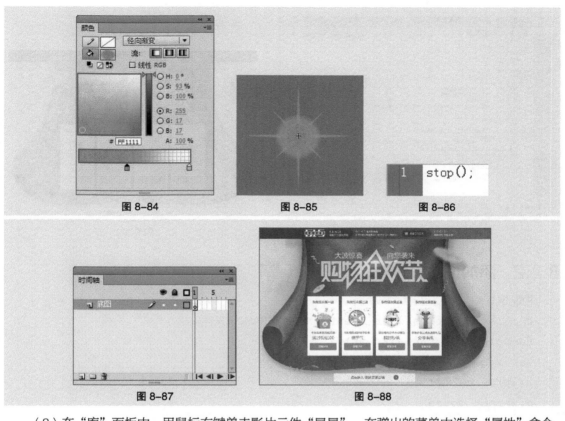

图 8-84   图 8-85   图 8-86

（8）在"库"面板中，用鼠标右键单击影片元件"星星"，在弹出的菜单中选择"属性"命令，弹出"元件属性"对话框，勾选"为 ActionScript 导出"复选框，在"类"文本框中输入类名称"star"，如图 8-89 所示，单击"确定"按钮，"库"面板中的效果如图 8-90 所示。

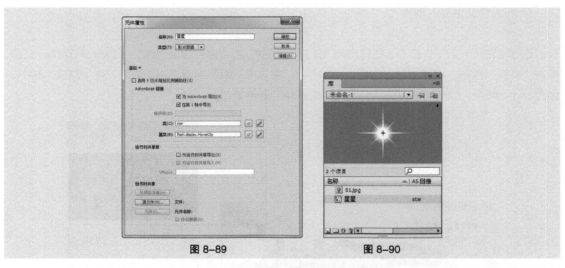

图 8-89   图 8-90

（9）在"时间轴"面板中创建新图层并将其命名为"动作脚本"。在"动作"面板中设置脚本语言，"脚本窗口"中显示的效果如图 8-91 所示。鼠标跟随效果制作完成，按 Ctrl+Enter 键即可查看效果，如图 8-92 所示。

```
//设置星星的间距
var jianju:uint=25;
//设置移动速度
var speed:uint=2;
//复制影片剪辑
var mymc:star;
for(var i:int=0;i<6;i++){
    mymc=new star();
    this["mymc"+i]=new star();
    this["mymc"+i].x=100+jianju*i;
    this["mymc"+i].y=100;
    this["mymc"+i].gotoAndStop(Math.floor(Math.random()*5))
    //在舞台显示。
    addChild(this["mymc"+i])
}
addEventListener(Event.ENTER_FRAME,genshui);
function genshui (e:Event) {
    //默认情况下第一个星星的位置为鼠标位置,此处35为鼠标的位置往右移动35/speed这么长。
    this.mymc0.x+=(root.mouseX+35-this.mymc0.x)/speed;
    this.mymc0.y+=(root.mouseY-this.mymc0.y)/speed;
    //逐个计算后面完全得的位置。根据后个星星来计算
    for(var i:uint=5;i>0;i--){
        this["mymc"+i].x+=(this["mymc"+(i-1)].x+jianju-this["mymc"+i].x)/speed;
        this["mymc"+i].y+=(this["mymc"+(i-1)].y-this["mymc"+i].y)/speed;
    }
}
```

图 8-91　　　　　　　　　　　　　　　　图 8-92

8.2.2　添加控制命令

控制鼠标跟随所使用的脚本如下。

```
root.addEventListener(Event.ENTER_FRAME,元件实例);
function 元件实例 (e:Event) {
var h:元件 = new 元件();
// 添加一个元件实例
h.x=root.mouseX;
h.y=root.mouseY;
// 设置元件实例在 x 轴和 y 轴的坐标位置
root.addChild(h);
// 将元件实例放入场景
}
```

选择"文件 > 打开"命令，在弹出的"打开"对话框中，选择"基础素材 > Ch08 > 03.fla"文件，单击"打开"按钮，打开文件，如图 8-93 所示。在"库"面板中新建一个图形元件"渐变矩形"，如图 8-94 所示，舞台窗口也随之转换为图形元件的舞台窗口。

图 8-93　　　　　　　　　　　　　　　　图 8-94

选择"窗口 > 颜色"命令，弹出"颜色"对话框，在"类型"选项的下拉列表中选择"径向渐变"，选中色带上左侧的色块，将其设为白色，并将"Alpha"选项设为 0；选中色带上右侧的色块，将其设为白色，并将"Alpha"选项设为 50，如图 8-95 所示。选择"矩形"工具，在工具箱中将"笔触颜色"设为无，"填充颜色"设为白色，在舞台窗口中绘制一个矩形，如图 8-96 所示。

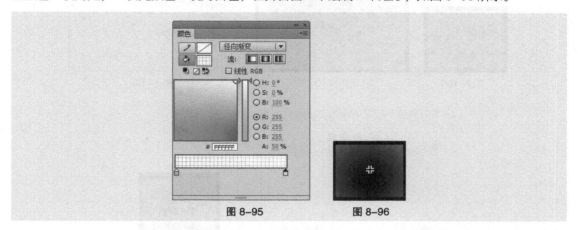

图 8-95　　　　图 8-96

在"库"面板中新建一个图形元件并将其命名为"矩形"。选择"矩形"工具，在工具箱中将"笔触颜色"设为淡黄色（#FFFFCC），"填充颜色"设为无，在舞台窗口中绘制 1 个矩形，如图 8-97 所示。新建一个图层"图层 2"。选择"线条"工具，在舞台窗口绘制两条相交的直线，效果如图 8-98 所示。

在"库"面板中新建一个影片剪辑元件"矩形动"，如图 8-99 所示，舞台窗口也随之转换为影片剪辑的舞台窗口。

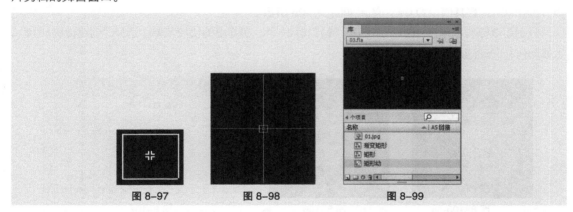

图 8-97　　　　图 8-98　　　　图 8-99

将"库"面板中的图形元件"渐变矩形"拖曳到舞台窗口中，如图 8-100 所示。选中"图层 1"的第 20 帧，按 F6 键，在该帧上插入关键帧。选择"任意变形"工具，在舞台窗口中将渐变矩形放大，效果如图 8-101 所示。选择"选择"工具，选中渐变矩形，选择图形元件的"属性"面板，在"色彩效果"选项组中"样式"选项的下拉列表中选择"Alpha"，将其值设为 0%，如图 8-102 所示。

用鼠标右键单击"图层 1"的第 1 帧，在弹出的快捷菜单中选择"创建传统补间"命令，生成动作补间动画，如图 8-103 所示。新建一个图层"图层 2"。将"库"面板中的图形元件"矩形"拖曳到舞台窗口中，调整其大小，并将其放置在渐变矩形的中心位置，效果如图 8-104 所示。分别选中"图层 2"的第 15 帧和第 20 帧，按 F6 键，在该帧上插入关键帧。

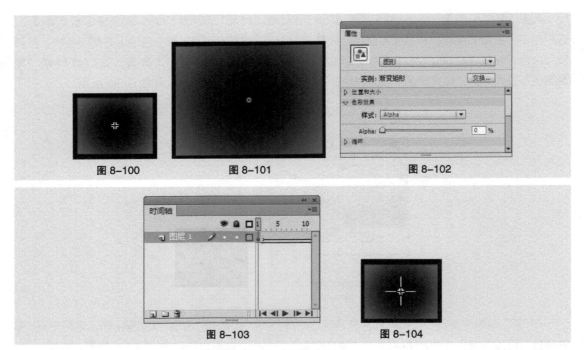

图 8-100 　　　　　　　　　 图 8-101 　　　　　　　　　　　 图 8-102

图 8-103 　　　　　　　　　　　　　　 图 8-104

　　选中"图层 2"的第 15 帧，用"任意变形"工具 ⊞ 将舞台窗口中的矩形放大，并选择图形元件的"属性"面板，在"色彩效果"选项组中"样式"选项的下拉列表中选择"Alpha"，将其值设为 20%，效果如图 8-105 所示。选中"图层 2"的第 20 帧，用"任意变形"工具 ⊞ 将舞台窗口中的矩形缩小，并选择图形元件的"属性"面板，在"色彩效果"选项组中"样式"选项的下拉列表中选择"Alpha"，将其值设为 0%，效果如图 8-106 所示。

　　分别用鼠标右键单击"图层 2"的第 1 帧和第 15 帧，在弹出的快捷菜单中选择"创建传统补间"，生成动作补间动画，如图 8-107 所示。

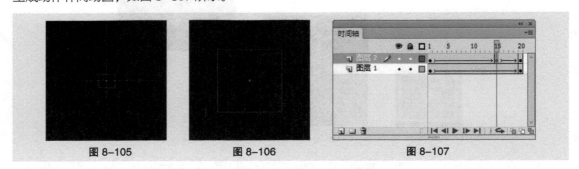

图 8-105 　　　　　　　　 图 8-106 　　　　　　　　　　　 图 8-107

　　新建一个图层并将其命名为"动作脚本"。选中"动作脚本"图层的第 20 帧，按 F6 键，在该帧上插入关键帧。选择"窗口 > 动作"命令，弹出"动作"面板（其快捷键为 F9 键）。在"脚本窗口"中输入脚本语言，"动作"面板中的显示效果如图 8-108 所示。

　　单击舞台窗口左上方的"场景 1"图标 ≤ 场景 1，进入"场景 1"的舞台窗口。用鼠标右键单击"库"面板中的影片剪辑元件"矩形动"，在弹出的菜单中选择"属性"命令，弹出"元件属性"对话框，勾选"为 ActionScript 导出"复选框，在"类"文本框中输入类名称"Box"，如图 8-109 所示，单击"确定"按钮。

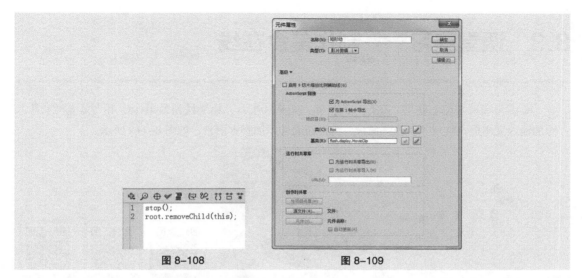

图 8-108   图 8-109

新建图层并将其命名为"动作脚本"。选择"动作"面板，在"脚本窗口"中输入脚本语言，"动作"面板中的效果如图 8-110 所示。选择"文件 > ActionScript 设置"命令，弹出"高级 ActionScript 3.0 设置"对话框，在对话框中单击"严谨模式"选项前的复选框，去掉该选项的勾选，如图 8-111 所示，单击"确定"按钮。

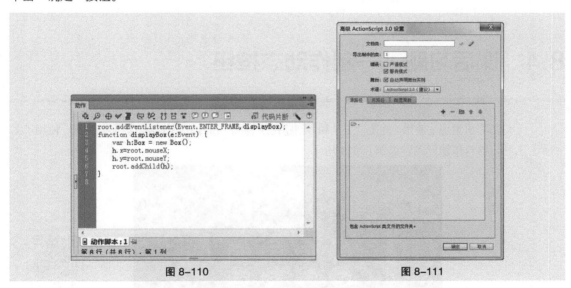

图 8-110   图 8-111

鼠标跟随效果制作完成，按 Ctrl+Enter 键即可查看效果，如图 8-112 所示。

图 8-112

8.3 课堂练习——制作美食在线

【练习知识要点】使用"颜色"面板和"矩形"工具，绘制按钮效果；使用"文本"工具，添加输入文本框；使用"动作"面板，为按钮元件添加脚本语言，如图 8-113 所示。

扫码观看　扫码观看　扫码观看
本案例视频 1　本案例视频 2　本案例视频 3

图 8-113

8.4 课后习题——制作动态按钮

【习题知识要点】使用"矩形"工具和"创建传统补间"命令，制作透明矩形条动画；使用"文本"工具，输入按钮标题，如图 8-114 所示。

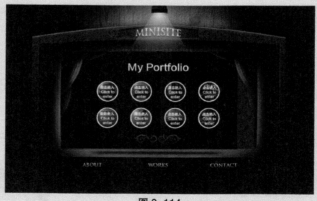

扫码观看
本案例视频

图 8-114

09

第9章
商业案例

▶ ## 本章介绍

　　本章的综合设计实训案例，通过商业动漫设计项目真实情境来训练学生利用所学知识完成商业动漫设计项目。通过多个动漫设计项目案例的演练，使学生进一步掌握Flash CS6 的强大操作功能和使用技巧，并应用所学技能制作出专业的动漫设计作品。

学习目标

- 掌握使用传统补间命令制作传统补间动画的方法
- 掌握使用文本工具和自由变形工具制作文字变形效果的方法
- 掌握图形、按钮、影片剪辑元件的创建及应用方法
- 掌握遮罩动画的创建方法及应用技巧
- 掌握运用动作面板添加动作脚本的方法

技能目标

- 掌握贺卡设计——春色贺卡的制作方法
- 掌握电子相册——写真相册的制作方法
- 掌握广告设计——女包广告的制作方法
- 掌握网页设计——购物网页的制作方法
- 掌握节目片头——卡通歌曲的制作方法

慕课视频

商业案例

9.1 贺卡设计——制作春色贺卡

9.1.1 项目背景

1. 客户名称

创维有限公司。

2. 客户需求

创维有限公司因春季来临，需要制作电子贺卡，以便与合作伙伴以及公司员工联络感情和互致问候，要求制作出的贺卡具有温馨的祝福语言、浓郁的春季色彩，以及传统的节日特色，能够充分表达公司的祝福与问候。

9.1.2 设计要求

（1）贺卡要求运用卡通简笔画风格，既传统又具有现代感。

（2）使用具有春季特色的元素装饰画面，使人感受到春天的味道。

（3）使用多种颜色烘托节日氛围，使卡片更加具有春季特色。

（4）设计规格均为 886 px（宽）×1240 px（高）。

9.1.3 项目设计

本案例设计流程如图 9-1 所示。

新建文档　　　　　制作画面 1　　　　　制作画面 2　　　　　制作画面 3

图 9-1

9.1.4 项目要点

使用"导入"命令，导入素材并制作图形元件；使用"创建传统补间"命令，制作补间动画效果；使用"属性"面板，设置实例的不透明度及动画的旋转角度；使用"变形"面板，改变实例的大小及角度；使用"文本"工具，输入标题性文字。

9.2 电子相册——制作写真相册

9.2.1　项目背景

1. 客户名称

美丽公主摄影工作室。

2. 客户需求

美丽公主摄影工作室是一家专业制作个人写真的工作室，需要制作个人写真模板，设计要求以新颖美观的形式进行创意，突出个人写真集的理念，表现自由、乐观的态度，要具有独特的风格和特点。

9.2.2　设计要求

（1）相册模板要求使用彩色照片和黑白照片搭配显示，使画面活泼生动。

（2）将生活中的要素提炼概括，在模板中进行体现并点缀画面。

（3）色彩要求使用柔和温暖的色调。

（4）模板要求至少能够放置四幅照片，主次分明，视觉流程明确。

（5）设计规格均为 800 px（宽）×603 px（高）。

9.2.3　项目设计

本案例设计流程如图 9-2 所示。

制作底图　　　　　　摆放按钮位置　　　　　　制作照片动画　　　　　　最终效果

图 9-2

9.2.4　项目要点

使用"导入"命令，导入素材并制作按钮元件；使用"创建传统补间"命令，制作补间动画效果；使用"属性"面板，设置实例的具体位置；使用"动作"面板，添加动作脚本。

9.3 广告设计——制作女包广告

9.3.1 项目背景

1. 客户名称

NEW LOOK。

2. 客户需求

NEW LOOK 是一家生产经营箱包服饰类商品的公司，包括各式皮包、男女装、丝巾等。多年来一直坚持做自己的品牌精神，给顾客提供不同的产品。现因公司推出新款女士皮包，需要制作一个全新的网店首页海报，要求起到宣传公司新产品的作用，向客户传递出清新和活力感。

9.3.2 设计要求

（1）将自然元素与新产品巧妙结合，突出产品的优点。

（2）画面包含新产品，但不能喧宾夺主。

（3）色彩运用自然和谐，明亮清新。

（4）设计具有简洁、时尚和雅致的艺术风格。

（5）设计规格均为 800 px（宽）×250 px（高）。

9.3.3 项目设计

本案例设计流程如图 9-3 所示。

制作底图动画   制作文字动画

最终效果

图 9-3

9.3.4 项目要点

使用"导入"命令，导入素材并制作图形元件；使用"创建传统补间"命令，制作补间动画效果；使用"属性"面板，设置实例的不透明度及动画的旋转角度；使用"变形"面板，改变实例的大小及角度；使用"文本"工具，输入标题性文字。

Flash CS6 核心应用案例教程（全彩慕课版）

9.4 网页设计——制作购物网页

9.4.1 项目背景

1. 客户名称

优选。

2. 客户需求

优选是一个生活类电商品牌，优选的商品以各类女性服饰搭配用品为主，如手链、项链、耳饰、戒指等。现计划扩大经营规模，添加家居、饮食、贴身衣物等，使得其品类更为丰富，特要求设计制作相应的购物网站。设计要求以新颖美观的形式进行创意，突出网站理念，表现细腻、周到的服务态度，要具有独特的风格和特点。

9.4.2 设计要求

（1）网站设计要求使用剪纸的形式进行制作，使画面活泼生动。

（2）将网站特点及要素提炼概括，在页面中进行体现并点缀画面。

（3）色彩要求使用柔和温暖的粉色调，符合女性审美。

（4）图文搭配合理，主次分明，视觉流程明确。

（5）设计规格均为 1200 px（宽）×890 px（高）。

9.4.3 项目设计

本案例设计流程如图 9-4 所示。

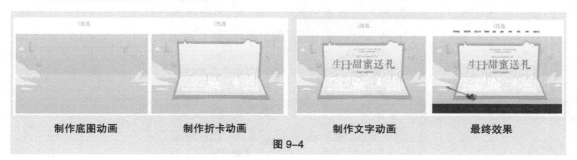

制作底图动画　　　　　制作折卡动画　　　　　制作文字动画　　　　　最终效果

图 9-4

9.4.4 项目要点

使用"导入"命令，导入素材并制作图形元件；使用"文本"工具，制作按钮元件；使用"创建传统补间"命令，制作补间动画效果；使用"遮罩"命令，制作文字动画效果；使用"属性"面板，设置实例的不透明度及动画的旋转角度；使用"变形"面板，改变实例的角度。

9.5 节目片头——制作卡通歌曲

9.5.1 项目背景

扫码观看
本案例视频　　扫码观看
详细步骤　　扫码观看
扩展案例

1. 客户名称

霜叶幼儿园。

2. 客户需求

霜叶幼儿园自成立以来倾力打造由教育专家和管理专家组成的专业化团队，以温暖的关怀、优质的教育、专一的服务精神为行为准则，致力于打造中国高端幼教品牌，为来自各地的 2～6 岁儿童提供一流的教学环境和先进的教学服务。

9.5.2 设计要求

（1）歌曲要求使用卡通漫画的形式进行制作，使画面活泼生动。

（2）将歌曲中的要素提炼概括，在模板中进行体现并点缀画面。

（3）色彩要求使用轻快明了的色调，符合儿童的色彩感观。

（4）设计规格均为 800 px（宽）×534 px（高）。

9.5.3 项目设计

本案例设计流程如图 9-5 所示。

制作开场动画　　　制作云动画

制作太阳动画　　　最终效果

图 9-5

9.5.4 项目要点

使用"导入"命令，导入素材并制作图形元件；使用"文本"工具，制作按钮元件；使用"创建传统补间"命令，制作补间动画效果；使用"遮罩"命令，制作文字动画效果；使用"属性"面板，设置实例的不透明度及动画的旋转角度；使用"变形"面板，改变实例的角度。

9.6 课堂练习——制作滑雪网站广告

9.6.1 项目背景

1. 客户名称

拉拉滑雪场。

2. 客户需求

拉拉滑雪场是一家大型的专业滑雪场,雪场现有高山滑雪场地、自由式滑雪场地、跳台滑雪场地、越野滑雪场地和冬季两项滑雪场地等,是初、中、高级雪道相结合的雪场。目前滑雪场为扩展其知名度,需要制作网站,要求网站设计围绕滑雪这一主题,表现滑雪运动的精神与魅力。

9.6.2 设计要求

(1)网页背景要求使用专业的滑雪场地摄影照片,使网页视野开阔。

(2)网页多使用清新干净的色彩搭配,为画面增添自然之感。

(3)网页内容丰富,能够达到宣传效果。

(4)导航栏的设计要直观简洁,不要喧宾夺主。

(5)设计规格均为 800 px(宽)×600 px(高)。

9.6.3 项目设计

本案例设计效果如图 9-6 所示。

图 9-6

9.6.4 项目要点

使用"矩形"工具和"文本"工具,制作按钮效果;使用"创建传统补间"命令,制作导航条动画效果;使用"动作"面板,添加脚本语言。

9.7 课后习题——制作手机广告

9.7.1 项目背景

扫码观看
本案例视频 1

扫码观看
本案例视频 2

扫码观看
本案例视频 3

1. 客户名称

米心手机专营店。

2. 客户需求

米心手机专营店最新推出了手机促销活动，需要制作针对网店的宣传广告。广告要求内容丰富，能够体现新款产品的特点，并重点宣传此次推出新款产品活动。

9.7.2 设计要求

（1）广告要求内容突出，重点宣传此次新品宣传活动。

（2）添加手机形象，与文字一起构成丰富的画面。

（3）广告设计要求主次分明，对文字进行具有特色的设计，使消费者快速了解产品信息。

（4）要求画面对比感强烈，能迅速吸引人们注意。

（5）设计规格均为 800 px（宽）×251 px（高）。

9.7.3 项目设计

本案例设计效果如图 9-7 所示。

图 9-7

9.7.4 项目要点

使用"遮罩层"命令，制作遮罩动画效果；使用"矩形"工具和"颜色"面板，制作渐变矩形；使用"动作"面板，设置脚本语言；在制作过程中，要处理好遮罩图形，并准确设置脚本语言。